U0332781

农业纤维物料捡拾、输送理论与试验

王春光　王文明　乌兰图雅　著

中国林业出版社

内容简介

本书以弹齿滚筒式捡拾装置和螺旋输送装置为主要研究对象，分别论述了两类装置的国内外研究现状，对两类装置工作过程中的运动学和动力学特性进行了理论分析和试验研究。充分利用测试技术、高速摄像技术及虚拟仿真技术等现代技术开展相应研究。全书共包括16章，主要有：捡拾输送装置研究现状，弹齿滚筒式捡拾装置的结构和理论分析，弹齿滚筒式捡拾装置捡拾过程的虚拟仿真，弹齿滚筒式捡拾装置的改进，弹齿滚筒式捡拾装置试验研究，基于高速摄像技术捡拾装置捡拾过程分析，螺旋输送研究现状，揉碎玉米秸秆螺旋输送过程理论分析，揉碎玉米秸秆螺旋输送过程压力分析，揉碎玉米秸秆螺旋输送特征参数，螺旋输送过程中螺旋轴轴向推力的测试分析，螺旋输送装置生产率及功耗试验研究，揉碎玉米秸秆螺旋输送试验，切碎玉米秸秆螺旋输送试验，螺旋输送喂入器参数优化，拨叉输送喂入器。

本书既可作为农牧业机械及相关机械研究人员的参考书，也可作为农业机械化及其自动化专业本科以及农业机械化工程学科研究生教学用书。

图书在版编目(CIP)数据

农业纤维物料捡拾、输送理论与试验 / 王春光，王文明，乌兰图雅著. —北京：中国林业出版社，2018.11
ISBN 978-7-5038-9739-9

Ⅰ. ①农… Ⅱ. ①王…②王…③乌… Ⅲ. ①纤维作物 – 物料 – 捡拾器 – 研究 ②纤维作物 – 物料 – 输送 – 研究 Ⅳ. ①S225.091

中国版本图书馆 CIP 数据核字 (2018) 第 213258 号

策划编辑	吴 卉	
责任编辑	丰 帆 肖基浒	
出版发行	中国林业出版社	
	邮编：100009	
	地址：北京市西城区德内大街刘海胡同 7 号 100009	
	电话：010 – 83143558	
	邮箱：jiaocaipublic@ 163. com	
	网址：http://lycb. forestry. gov. cn	
经 销	新华书店	
印 刷	三河市祥达印刷包装有限公司	
版 次	2018 年 11 月第 1 版	
印 次	2018 年 11 月第 1 次印刷	
开 本	787mm×1092mm	
印 张	16.25	
字 数	272 千字	
定 价	50.00 元	

未经许可，不得以任何方式复制或抄袭本书之部分或全部内容。

版权所有 侵权必究

序

中国是世界第二草地大国，全国天然草原面积约 $4 \times 10^8 \, hm^2$，占国土面积的 41.14%，约占全世界草原面积的 12%。全国草原综合植被覆盖度约 54%。由于畜牧业发展的需要，人工种植草地逐年增加。

中国是农业大国，秸秆资源非常丰富，农作物秸秆年产量约 $8.2 \times 10^8 \, t$，其中玉米秸秆约占秸秆总量的 40%。通过加工处理，玉米秸秆可以作为重要的饲草料资源，而且玉米秸秆、水稻秸秆、小麦秸秆和其他各类农作物秸秆均可作为造纸、装潢、医药和建筑等领域的重要材料。各种农业纤维物料均具有很好的利用价值和开发利用前景。

在牧草和农作物秸秆等农业纤维物料加工和储运过程中，根据作业目的的不同，所采用的输送方式不同。常见的输送方式有：捡拾输送、螺旋输送、拨叉输送、气力输送和带式输送等。

从古希腊学者 Archimedes 最早发明了螺旋输送装置以来，国内外学者对螺旋输送装置的设计、制造、使用和理论分析等做了大量的研究，研究主要集中在粉状和颗粒状物料的螺旋输送方面，基本没有涉及农业纤维物料类的螺旋输送问题，所以，针对农业纤维物料的性质，研制适合农业纤维物料特点的螺旋输送装置，探讨农业纤维物料的螺旋输送机理以及选择合理的工作参数等已成为当前农牧业机械领域中的重点研究课题。

1930 年，美国研制出捡拾压捆机，实现了对收割后牧草的捡拾、输送和压捆作业，我国从 1978 年开始研制捡拾压捆机，但在捡拾器和打结器等关键部件的设计、理论分析以及实现理想工作性能的参数匹配等方面仍有待于进一步探索。

王春光教授及其团队通过理论分析、计算机仿真和试验测试等方法，对弹齿滚筒式捡拾装置的捡拾过程进行了深入研究，建立了弹齿运动学和动力学分析模型，对弹齿滚筒式捡拾装置的结构参数及工作参数进行了优化，获得了各相关参数之间的最佳匹配，找到了实现捡拾装置最佳工作性能的凸轮机构运动规律。

以揉碎玉米秸秆为例，探讨了农业纤维物料的螺旋输送理论，建立了物料的连续性方程和运动学方程，建立了螺旋输送装置比功耗的数学模型。在此基础上，基于比功耗越小输送性能越好的原则，对螺旋输送装置相关参数的水平进行了优选。

对主要用于小方草捆捡拾压捆机上的拨叉式输送喂入器的运动学特性进行了分析，建立了拨叉的运动轨迹分析数学模型，对于优化拨叉的运动轨迹，提高拨叉的输送喂入性能具有重要意义。

本书介绍的新理论和新方法为弹齿滚筒式捡拾装置和螺旋输送装置的基础研究提供了新思路，为农业纤维物料输送设备的优化和新型输送设备的研发提供了理论依据，对于农业纤维物料的开发利用具有实用价值，对于促进畜牧业的持续稳定发展具有重要意义。

本书为农业工程学科领域的科研人员、教师及研究生提供了一本有价值的参考书。

罗锡文

前　言

中国有天然草地面积约 4×10^8 hm^2，占我国国土面积的 41.14%，约占全世界草地面积的 12%，中国草原面积在澳大利亚之后属世界第二。此外，中国是一个农业大国，有非常丰富的秸秆资源，农作物秸秆年产量约为 8.2×10^8 t。相关研究结果表明，玉米秸秆富含粗蛋白、纤维素、半纤维素、木质素以及其他微量元素，所以，玉米秸秆也是重要的粗饲料资源之一，因此，经物理、化学和生物等方法加工处理后，玉米秸秆是一种很好的饲草料资源，具有很好的综合利用的前景。此外，玉米秸秆、水稻秸秆、小麦秸秆和其他各类秸秆均可作为造纸、装潢、医药和建筑等领域的重要材料。可见，各种农业纤维物料均具有很好的开发利用前景。

国外对捡拾装置的研究已有一百多年的历史。我国从 1978 年开始研制小方草捆捡拾捆压捆机，目前已有几种定型产品。从目前国内外捡拾装置的实际来看，捡拾压捆机和谷物联合收获机使用的大多是弹齿滚筒式捡拾装置。弹齿滚筒式捡拾装置被发明以来，国内外学者对其进行过相关的研究，研究工作主要集中在：捡拾装置结构参数和凸轮廓线形状设计、弹齿滚筒机构性质分析、捡拾装置设计理论、捡拾装置工作性能分析等方面。

螺旋输送是一种常用的连续输送设备，螺旋输送机可输送块状、颗粒状和粉末状等物料，是农牧业生产过程中不可缺少的重要设备之一。从古希腊学者 Archimedes 最早发明了螺旋输送装置以来，国内外学者对螺旋输送装置做了大量的研究，研究主要集中在粉状和颗粒状物料的螺旋输送方面。

科学世界是无穷的领域，科学研究永无止境，人类总是在自己的专业领域不断探索，不断追寻。许多科技人员不断追寻、开拓进取的精神时刻激励我们努力追寻，农业工程学科领域许多未知问题和现象，时刻吸引着我们去探索。我们不敢说我们所做的百分之百正确，我们只是在本领域所做的一点尝试，特别是针对捡拾农业纤维物料的弹齿滚筒式捡拾器和螺旋叶片式输送装置的工作机理以及相应工作部件的运动学和动力学特性，弹齿滚筒式捡拾器和螺旋叶片式输送装置的优化设计等做了一些探索。

本研究团队将弹齿滚筒式捡拾装置确定为反转的摆动从动件盘形凸轮机构，基于理论研究，分析了弹齿的运动学和动力学特性，并在此基础上建立了弹齿端部运动学数学模型，确定了影响弹齿滚筒式捡拾装置捡拾效果的主要影响因素，获得了满足捡拾装置工作要求的凸轮机构运动规律，应用虚拟仿真技术、测试技术和高速摄像技术等对弹齿滚筒式捡拾装置的工作过程及运动学和动力学特性进行了系统研究，在此基础上，对影响弹齿工作性能的关键工作部件凸轮盘轨道进行了优化设计。同时利用高速摄像和虚拟仿真，对改进前后弹齿滚筒式捡拾装置工作过程进行了系统研究，基于测试技术研究了捡拾装置弹齿尖端的加速度，并对改进设计前后弹齿滚筒式捡拾装置的捡拾损失率和功率消耗进行了测试分析，结果表明，改进后弹齿滚筒式捡拾装置的参数匹配更趋于合理。

本研究团队以探讨揉碎玉米稻轩的螺旋输送理论和输送性能为切入点，对揉碎玉米稻杆的螺旋输送机理、输送生产率、功率消耗等进行了系统研究。首先，本研究将物料群视为无穷多层可压缩的微元体，取螺旋叶片任意半径处的物料微元体，建立了综合考虑揉碎玉米稻轩的可压缩性、螺距的变化和螺旋轴离心力作用的螺旋输送段的物理模型，借鉴塞流理论、非塞流固体输送理论和 H 层非塞流固体输送理论对螺旋槽内的揉碎玉米稻巧微元体进行运动分析和受力分析，建立了物料的连续性方程和运动学方程，并对方程进行求解，得到了不同工况下物料所受压力和运动速度的数学模型，建立了螺旋输送装置比功耗的数学模型。分析了影响农业纤维物料螺旋输送特性的主要因素。在此基础上，基于比功耗越小输送性能越好的原则，对螺旋输送装置相关参数的水平进行了优选。在理论研究的基础上，借助测试技术对输送揉碎玉米秸杆过程中螺旋叶片和机壳受力分布、输送过程中的轴向推力、生产率、功耗等进行了测试研究，分析了螺距、螺旋轴转速、喂入量和物料的含水率对揉碎玉米稻杆螺旋输送性能的影响规律。本研究团队还以揉碎和切碎玉米秸杆为输送对象，对揉碎和切碎玉米秸杆的螺旋输送特性、输送装置各参数的最佳匹配等进行了试验研究。

本研究团队对小方草捆捡拾压捆机关键工作部件之一拨叉式输送喂入装置的运动学特性进行了分析，建立了拨叉的运动轨迹分析数学模型，对于优化拨叉的运动轨迹，提高拨叉的输送喂入性能具有重要意义。

本研究成果是本研究团队共同完成的，借助本研究，共培养博士研究生 3 人，硕士研究生 3 人，培养青年教师多名。

全书共 16 章，其中，王文明撰写了第 1~6 章，乌兰图雅撰写了第 7~12 章，李晓阳撰写了第 13 章，赵圆圆撰写了第 14 章，赵方超撰写了第 15 章，王春光参与了各章的撰写，并负责撰写了第 16 章及全书统稿。

编写本书是对本研究团队研究成果的一个阶段性总结，目的是与该领域各位同仁共享本研究方向大家共同关注的问题，同时也愿意为该研究领域相关研究人员以及本学科领域研究生和老师开展相关研究提供参考。

由于本研究团队研究人员以及本书撰写人员水平有限，书中出现不妥之处在所难免，敬请各位读者批评指教。

著者

2018 年 6 月

目　录

序

前　言

Chapter one

第 1 章
捡拾输送装置研究现状

　　捡拾装置是用来捡拾草地上的牧草草条或是田间割下的谷物条铺，它不是一个单独的机器，而是一种机器部件，用来和其他的部件组成牧草或青饲料的收获机械及其他收获机械，例如捡拾压捆机、圆捆卷捆机、通用型的青饲料收获机械以及联合收获机械等。另外，在分段联合收获作业中，捡拾装置也用于安装在联合收获机割台上用以捡拾谷物条铺。

1.1　捡拾输送装置结构与特点

1.1.1　捡拾输送装置的类型

　　捡拾装置主要分为滚筒式和升运器式两大类。滚筒式捡拾装置又分为弹齿式和偏心伸缩指式两种，而升运器式捡拾装置又可以分为滑道升运器式和带式输送器式。其结构如图 1-1 所示。

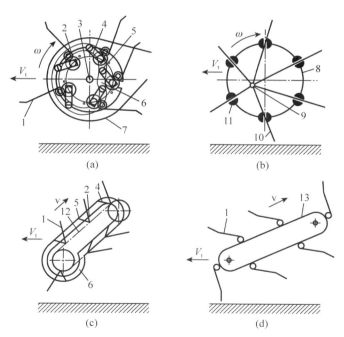

图 1-1　捡拾装置类型
（a）弹齿滚筒式　（b）偏心伸缩扒指式　（c）滑道升运器式　（d）带式输送器式
1. 弹齿　2. 管轴　3. 捡拾装置主轴　4. 曲柄　5. 滚轮　6. 导向滑道　7. 固定外壳
8. 圆筒外壳　9. 偏心轴　10. 指杆　11. 滑座　12. 输送链　13. 输送带

弹齿滚筒式捡拾装置结构如图 1-1（a）所示。当捡拾装置的主轴 3 逆滚动方向转动时，通过其两侧的圆盘来带动周向几个管轴 2 转动，由于管轴 2 的一端装有曲柄 4 和滚轮 5 并且沿着导向滑道 6 滚动，当管轴 2 转至滚筒下方的时候开始捡拾，当管轴 2 转过滚筒的前上方而向后下方转动时，管轴 2 上的弹齿便向着内部回缩以防止带草。

偏心伸缩指式捡拾装置如图 1-1（b），该装置包括回转的圆筒外壳 8 和带指杆 10 的偏心轴 9，指杆 10 可以在滑座 11 中移动。外壳转动时带动指杆 10 绕偏心轴 9 旋转。当指杆 10 处于下部位置时，指杆 10 渐渐伸出外壳表面，用来捡拾作物或草条。指杆 10 处于上部位置时，其逐渐缩进外壳，以清理出被捡拾的秆茎。

滑道升运器式捡拾装置如图 1-1（c），该装置由两条输送链 12 与装有弹齿 1 的管轴 2 用销连接，管轴 2 通过曲柄 4 上的滚轮 5 在导向滑道 6 内移动。由滑道 6 保证弹齿的运动轨迹，来实现捡拾物料。

带式输送器式捡拾装置如图 1-1（d），捡拾作业时，齿带 13 是逆滚动方向转动的，由固接在胶带上的弹齿 1 将物料拾起，然后向上升运，运到上部时，物料回转而产生了离心力，与弹齿脱离随后抛出。

1.1.2　捡拾输送装置的特点

弹齿滚筒式捡拾装置由带弹齿的滚筒来捡拾的。由于弹齿有弹性，所以对物料的冲击作用较小，造成的落粒损失就较少；而且其使用弹性钢丝做弹齿，捡拾物料时弹齿离地高度可以低于 30～40mm，所以漏捡损失小。可是其在矮小的谷物或条铺稀薄的时候漏捡率比较高，所以其一般多用于牧草捡拾作业。

偏心伸缩指式的捡拾装置采用的是硬指杆，扒指是刚性的，强度也较大，捡拾物料时对物料的冲击作用较大；而且由于采用的是硬指杆，离地面不能太低，以免指杆在遇到石块等障碍物时而损坏，所以一般多用于捡拾谷物作物中的玉米秆。

而升运器式的捡拾装置，尤其是齿带输送式的捡拾装置，因为前辊轴的直径较小，弹齿横向间隙也较小，所以捡拾矮小的谷物或条铺稀薄时捡拾得较为干净利索，落粒损失也较少。因而一般用于捡拾谷物。

1.2　弹齿滚筒式捡拾装置国内外研究现状

1.2.1　国外研究现状

在国外，弹齿滚筒式捡拾装置大多用于捡拾压捆机上，在分段收获的联合收获机上也有应用。国外对捡拾压捆机的研制起步较早，距离现在已有一百多年的历史。

目前，在牧草压捆机制造领域处于先进水平的国家主要有美国、澳大利亚、德国和英国等。其中具有代表性的有美国的约翰·迪尔公司、新荷兰公司，德国的韦利格尔公司、克拉斯公司、法尔公司，澳大利亚的吉尔公司、皮·埃尔公司，英国的霍华德公司等。

每个公司生产的弹齿滚筒式捡拾装置的结构大体相同，它们产品的品种齐全、系列也完整，可以满足不同型号的小方捆压捆机、圆捆卷捆机、大方捆压捆机及捡拾集垛车等。不仅适合于捡拾各种牧草，同时还可以用于捡拾不同的秸秆。

各个公司的产品其工作原理至今也没有大的变化，但其在提高性能、可靠性及操作舒适性等方面都有改进。如美国新荷兰公司的产品特点是对不同作物的适应性极好，其捡拾装置的弹齿采用曲线结构，而非直线结构，可以将一般捡拾装置没有办法拾起的较短小作物捡拾干净。德国的捡拾装置宽度从 1.55～2.2m 不等，捡拾装置一般由液压装置操纵，装在拖拉机上的计算机可以控制液压机构，其还适用于不同物料的捡拾。德国克拉斯公司生产的捡拾装置弹齿的前端采用了独特的钩形设计，这样保证了捡拾率，捡拾装置通过拉绳牵引到拖拉机的驾驶室，这使得捡拾装置的升降非常方便。美国约翰·迪尔公司的捡拾装置主要是采用了小间距的弹齿式设计，可以保证密度较高、幅宽较大的草条充分被捡拾喂入，位于弹齿上方的小间距齿条压草秆可以防止草叶和断秆四处飞溅而造成损失。德国韦立格尔公司的捡拾装置驱动部分有一个摩擦式安全离合器，这也是它的专利；德国法尔公司在捡拾装置的传动上采用了双作用式安全装置；美国新荷兰公司则采用了宽型的捡拾装置，而且采用了"流动式拨叉"式喂入结构及"转子式"喂入结构，这可以实现无堵塞的喂入。

总之，国外的弹齿滚筒式捡拾装置发展到今天已日趋成熟，每个公司都有它自主知识产权的技术及产品。为了改善捡拾装置的适应性，降低捡拾遗漏率，提高捡拾能力，其捡拾装置的弹齿间距普遍缩小到了 61~71mm，其全部采用了弯型弹齿，捡拾装置的调节也都改为了驾驶员在拖拉机座位上的操作，且有一些使用了液压式调节器，其安全保护机构也更加齐全、灵敏、可靠。

国外对弹齿滚筒式捡拾装置的产品介绍比较多，可是其理论分析的文章尚不多见，苏联的波波夫曾经用图解法对捡拾装置的结构参数及工作性能进行过定性分析，并认为捡拾装置是一个连杆机构。

1.2.2 国内研究现状

1978 年，我国开始批量生产 9KJ-142 型小方草捆压捆机，经过三十多年的研发，目前已生产出不同结构型式的捡拾压捆机。我国捡拾压捆机的捡拾装置大多是弹齿滚筒式。近些年国内牧草机械已进入快速发展阶段，国内有多个厂家已研制成功并投产多种型号的弹齿滚筒式捡拾装置。

在理论研究方面，我国许多学者对弹齿滚筒式捡拾装置进行了研究，主要是对其机构性质和设计机理进行分析，并针对其捡拾效果进行试验研究，具体情况如下。

（1）结构参数和凸轮廓线形状

在我国，弹齿滚筒式捡拾装置的结构参数及凸轮滑道廓线形状种类较多。对于凸轮滑道形状来说主要有两类，一类的形状形如心脏，例如，中国农业科学院草原所研制的 9JK-1.7 型方草捆压捆机及 9JS-1.6 散草捡拾车等，但是其凸轮廓线的段数也不相同，有的是七段圆弧组成，有的是六段或者是四段圆弧组成；还有一类形状似豆形，是由一段直线及几段圆弧组成的，例如原机械工业部呼和浩特畜牧机械研究所研制的 9KJA-1.4 型方草捆压捆机。

（2）机构性质研究

学者们对弹齿滚筒式捡拾装置的机构性质认识并不一致。1980 年，原农机部呼和浩特畜牧机械研究所的孙康杰和王英曾用"图解法"对韦立格尔-180 型圆捆机的捡拾装置及新荷兰-850 型圆捆机的捡拾装置进行了运动轨迹分析，他们认为，韦立格尔-180 型圆捆机和新荷兰-850 型圆捆机的捡拾装置是"曲柄摆杆机构"，并且建立了其弹齿尖端运动的数学模型，可是未知数较多，并不能应用于定量分析；1991 年，吉林工学院的盛凯和曾南宏曾采用"解析法"分析了弹齿滚筒式捡拾装置，他们认为，弹齿滚筒式捡拾装置是一个"反转的摆动从动件盘形凸轮机构"，并且建立了弹齿尖端运动的数学模型。

（3）试验研究

许多学者针对一定机型参数进行过试验研究分析，并对捡拾装置的捡拾效果做过大量试验，试验结果表明，各机型都可以满足捡拾要求，具体情况如下。

2001 年，中国农业大学的王国权等对芬兰 JUNKKARY 公司的圆捆打捆机进行了国产化设计，并应用 ADAMS 软件对此机型的捡拾装置进行了动力学仿真分析，得到了机器运转过程中速度、加速度的变化情况，并针对样机进行了试验测定，试验结果表明，机器捡拾装置的工作效率较高，捡拾损失率较小。2006 年，中国农业机械化研究院呼和浩特分院的王振华、张俊国针对 9YFQ-1.9 型方捆机捡拾装置的工作参数进行了分析，分析结果表明，该机的结构参数能满足各种情况下的捡拾作业需求，且经过田间试验，也证明该捡拾装置的漏损率很小，完全能避免物料在地面被堆积和漏捡。2008 年，新疆农科院农机化研究所的王学农等基于 Solidworks 对残膜捡拾滚筒进行了 3D 设计和运动仿真，并初步找出了弧型捡膜齿能满足要求的布置形式、滚筒的转速及合理的入土深度等工作参数。2010 年内蒙古农业大学的乌吉斯古楞应用 Inventor 软件对一定机器参数的捡拾装置进行了计算机辅助分析，并且对捡拾装置的转速、机器前进速度和弹齿尖端的离地高度对捡拾装置工作性能的影响进行了试验室研究。

（4）设计理论研究

由于我国的弹齿滚筒式捡拾装置大多数借鉴了国外捡拾器，许多学者只是对参数的选择设计做过定性分析，并没有给出明确的设计方法。对弹齿滚筒式捡拾装置分析时大多采用解析法和图解法，也有些学者尝试过用计算机进行辅助分析。学者们或使用单位对弹齿滚筒式捡拾装置工作要求是：①漏捡损失小，即把留茬上的所有草料或茎秆能捡拾干净；②破碎损失小，即在工作过程中，不能撕破豆科草料最有营养价值的细嫩叶片；③结构要紧凑，动作均匀性和连续性好，即被捡拾的物料应能无阻碍地被输送至机器的下一个工作部件；④功率消耗小。

原吉林工学院的盛凯认为：弹齿滚筒式捡拾装置工作时，其弹齿相对于滚筒的摆动规律及其变化速度和加速度对捡拾装置的工作性能有较大的影响，其合理的选择是很重要的，而且摆动规律并不是单一的规律，而是由多种规律组合而成的。

Chapter two | 第 2 章
弹齿滚筒式捡拾装
置的结构和理论
分析

2.1 弹齿滚筒式捡拾装置的结构与工作原理

2.1.1 弹齿滚筒式捡拾装置的结构

弹齿滚筒式捡拾装置一般借助于支架和缓冲弹簧铰接在机架上，主要由捡拾装置中间轴、滚筒盘、滚轮、凸轮盘、弹齿、管轴、护板、曲柄等组成，结构如图2-1所示。

中间轴的两端固定着滚筒盘，并随中间轴旋转，周向均布的弹齿杆用轴承支承在滚筒盘的孔中，弹齿沿轴向并排固定在弹齿杆上，具有特殊形状的凸轮盘固定在弹齿盘外侧的支承板上。带有滚轮的曲柄固定在弹齿杆端部，当滚筒盘旋转时弹齿杆带动滚轮沿凸轮盘定向滑道滚动，以控制弹齿按一定的轨迹运动，当弹齿运动至滚筒下方时，弹齿从护板内伸出，捡拾牧草并把它升运至输送喂入器，当弹齿运动至滚筒上方时，弹齿推送物料并从草层中顺利缩回。为了避免牧草缠绕滚筒，其上装有用钢板制成的滚筒护板；沿轴向两滚筒护板之间的间隙可以使弹齿顺利通过。

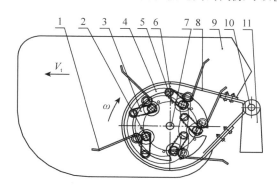

图 2-1　弹齿滚筒式捡拾装置结构

1. 弹齿　2. 弹齿杆　3. 曲柄　4. 凸轮盘　5. 滚轮　6. 滚筒盘
7. 中间轴　8. 滚筒护板　9. 侧护板　10. 悬挂轴　11. 支架

2.1.2 弹齿滚筒式捡拾装置工作原理

捡拾压捆机工作时，机器前进的同时，捡拾装置中间轴逆前进方向回转，通过两侧的滚筒盘带动周向弹齿杆随之转动。由于弹齿杆的一端有曲柄和滚轮并沿凸轮盘滑道滚动，弹齿在定向滚轮机构的控制下按规定的轨迹运行；当弹齿运动到捡拾滚筒下方时，其端部从滚筒护板的缝隙间伸出，将地面上的作物捡拾起来，随着弹齿的转动将作物逐渐提升到捡拾滚筒上方，并将其推向输送器正下方，同时弹齿垂直向下方运动，并回缩到滚筒护板内侧，与被捡拾的作物脱离。一个运动周期要完成放齿、捡拾、升运、向后输送和收齿几个动作。

2.1.3 弹齿滚筒式捡拾装置机构分析

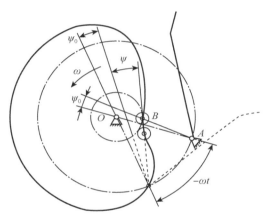

图 2-2 弹齿滚筒式捡拾装置机构

弹齿滚筒式捡拾装置的机构简图如图 2-2 所示。它是一摆动滚子推杆盘形凸轮机构，其中的推杆即是弹齿。常规的摆动滚子推杆盘形凸轮机构中，一般是凸轮和从动件——推杆运动，而机架是静止的。即凸轮为主动件，随回转中心旋转，推杆上的滚子与凸轮廓线接触，随凸轮廓线形状的改变而摆动，凸轮廓线的形状是从动件推杆与凸轮廓线接触时接触点的运动轨迹，这个接触点既在凸轮上也在从动件推杆上，接触点是两者的复合运动。

而弹齿滚筒式捡拾装置却是凸轮不转动，从动件即弹齿绕中间轴转动。我们应用凸轮机构设计的反转法原理，在一般的摆动从动件盘形凸轮机构上加一个角速度和凸轮转动方向相反、大小相同的运动，即 $-\omega$，其中凸轮和从动件弹齿的相对运动保持不变；这样凸轮变成静止，而机架带着弹齿绕中间轴以 $-\omega$ 转动；从动件弹齿除了原有的即绕 A 点摆动外，还绕中间轴以 $-\omega$ 转动，显然从动件接触端点在静止坐标上做又摆又转的复合运动，此端点的运动轨迹就是凸轮轮廓曲线。

下面分析一下它的机构性质。滚轮盘是凸轮，它静止不动，弹齿 AB 是摆动从动件，它的摆动中心是 A，弹齿绕 A 点沿凸轮廓线摆动，且绕凸轮中心 O 以 $-\omega$ 转动，滚轮中心 B 是从动件的滚子中心，滚筒半径 OA 是从动件摆动中心 A 和凸轮中

心 O 之间的连线，其是机架，它绕 O 以 $-\omega$ 转动，这是典型的若干个摆动从动件的凸轮机构。若此机构没有反转时，凸轮以 ω 转动，滚筒即机架静止，弹齿即从动件只绕 A 点作摆动，这就是一般情况下的凸轮机构了。由此可知，这是由 3 个构件组成的高副运动链，是具有确定运动的运动链，活动构件是滚筒和弹齿杆，A 和 O 为低副，滚轮和凸轮接触点为高副，滚轮旋转中心为局部自由度，根据式 (2-1) 计算机构自由度。

$$F = 3n - (2p_l + p_h) \tag{2-1}$$

式中　F——机构自由度；

　　　n——活动构件数目；

　　　p_l——低副数目；

　　　p_h——高副数目。

根据捡拾器杆件及各运动副数，计算出 $F = 3 \times 2 - (2 \times 2 + 1) = 1$。

根据机构具有确定运动的条件：原动件数目＝自由度数目，可知此机构是一个具有确定运动的高副机构，是一个反转后的摆动从动件盘形凸轮机构，且滚筒中心即机架的回转中心和滚轮盘中心即凸轮中心是重合的。

2.2　弹齿滚筒式捡拾装置工作理论分析

2.2.1　弹齿的运动规律

捡拾装置工作时，弹齿随滚筒在绕回转中心匀速转动的同时，还随压捆机沿水平方向匀速前进，由于弹齿运动还受到凸轮盘滑道廓线的控制，弹齿还相对于滚筒摆动。综上所述，弹齿的运动为机器的前进运动、弹齿随滚筒一起相对于壳体的转动、弹齿相对于滚筒的摆动 3 个运动的合成。

在不考虑弹齿摆动运动的情况下，弹齿的运动轨迹为摆线，如图 2-3 所示。在图 2-3 所示的坐标系下，弹齿的运动轨迹方程和速度方程如下：

$$\begin{cases} x = V_t \cdot t + a \cdot \cos(\omega t) \\ y = a \cdot \sin(\omega t) \end{cases} \tag{2-2}$$

$$\begin{cases} V_x = V_t - \omega \cdot a \cdot \sin(\omega t) \\ V_y = \omega \cdot a \cdot \cos(\omega t) \end{cases}$$ （2-3）

式中　V_t——机器前进速度，$m \cdot s^{-1}$；

　　　a——滚筒回转半径，m；

　　　ω——滚筒回转角速度，$rad \cdot s^{-1}$；

　　　t——时间，s。

令：

$$\lambda = \frac{a \cdot \omega}{V_t}$$ （2-4）

摆线的形状取决于 λ 值的大小，习惯上将 λ 叫做摆线的特征参数。λ 的取值也有 3 种可能：$\lambda < 1$，$\lambda = 1$ 和 $\lambda > 1$。

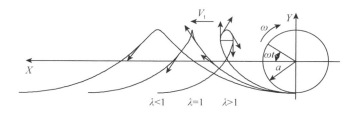

图 2-3　摆线轨迹图

由图 2-3 可以看出：摆线上各个切点的方向就是弹齿绝对运动速度的方向。当 $\lambda < 1$ 时，轨迹曲线是短轴摆线，运动曲线上每一点速度的水平分速度都与机器的前进方向相同，在运动曲线上并没有任何一点具有向后拨送输送物料的条件；当 $\lambda = 1$ 时，轨迹曲线是普通摆线，运动曲线上只有在最高点时的绝对速度是零，而其余每一点速度的水平分速度也与机器前进方向相同，也没有向后拨送输送物料的条件；而当 $\lambda > 1$ 时，轨迹曲线是余摆线，余摆线的环扣上半部分具有与机器前进方向相反的水平分速度，其具有向后拨送输送物料的条件。因此，$\lambda > 1$ 是弹齿滚筒式捡拾装置正常工作的必要条件。

因为弹齿端部是弹齿对物料作用的最低点，所以分析时主要分析弹齿端部的运动。实际的弹齿运动因受到凸轮盘凸轮滑道形状的制约，即弹齿相对于滚筒的摆动规律的制约，所以已知的摆线方程并不能准确描述弹齿的运动规律。弹齿在绕中间轴转动过程中，弹齿端部的回转半径是变化的。

将式（2-4）修正为：

$$\lambda = \frac{a' \cdot \omega}{V_t} \tag{2-5}$$

式中　a'——弹齿端部回转半径，m。

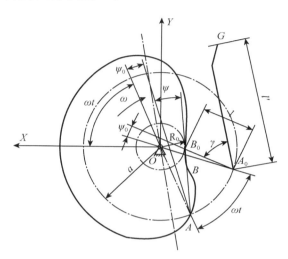

图 2-4　弹齿滚筒式捡拾机构

在图 2-4 所示的坐标系下，和弹齿相连的曲柄 B 点的位移方程为：

$$\begin{cases} x_B = V_t \cdot t + a \cdot \cos(\omega t) - l \cdot \cos(\omega t + \varphi_0 + \varphi) \\ y_B = a \cdot \sin(\omega t) - l \cdot \sin(\omega t + \varphi_0 + \varphi) \end{cases} \tag{2-6}$$

式中　l——曲柄长度，m；

　　φ_0——凸轮机构起始摆角，rad；

　　φ——凸轮机构摆角，rad；

　　x_B——曲柄 B 点水平方向位移，m；

　　y_B——曲柄 B 点垂直方向位移，m。

将式（2-6）对时间 t 求一阶导数，得到 B 点的速度方程，求二阶导数，则得到 B 点的加速度方程。

$$\begin{cases} V_{x_B} = V_t - \omega \cdot a \cdot \sin(\omega t) + l \cdot \omega \cdot \sin(\omega t + \varphi_0 + \varphi) \\ V_{y_B} = \omega \cdot a \cdot \cos(\omega t) - l \cdot \omega \cdot \cos(\omega t + \varphi_0 + \varphi) \end{cases} \tag{2-7}$$

$$\begin{cases} a_{x_B} = -\omega^2 \cdot a \cdot \cos(\omega t) + l \cdot \omega^2 \cdot \cos(\omega t + \varphi_0 + \varphi) \\ a_{y_B} = -\omega^2 \cdot a \cdot \sin(\omega t) + l \cdot \omega^2 \cdot \sin(\omega t + \varphi_0 + \varphi) \end{cases} \tag{2-8}$$

式中　V_{x_B}——曲柄 B 点水平方向分速度，$\mathrm{m \cdot s^{-1}}$；

$\quad\quad\ \ V_{y_B}$——曲柄 B 点垂直方向分速度，$\mathrm{m \cdot s^{-1}}$；

$\quad\quad\ \ a_{x_B}$——曲柄 B 点水平方向加速度，$\mathrm{m \cdot s^{-2}}$；

$\quad\quad\ \ a_{y_B}$——曲柄 B 点垂直方向加速度，$\mathrm{m \cdot s^{-2}}$。

由于弹齿尺寸为确定值，弹齿相对于曲柄的位置为确定值，经过计算，可以得到弹齿端部 G 点的位移、速度和加速度方程。

$$\begin{cases} x_G = V_t \cdot t + a \cdot \cos(\omega t) - l \cdot \cos(\omega t + \varphi_0 + \varphi) + l' \cdot \cos(\omega t + \varphi_0 + \varphi - \gamma) \\ y_G = a \cdot \sin(\omega t) - l \cdot \sin(\omega t + \varphi_0 + \varphi) + l' \cdot \sin(\omega t + \varphi_0 + \varphi - \gamma) \end{cases}$$

$$\tag{2-9}$$

$$\begin{cases} V_{x_G} = V_t - a \cdot \omega \cdot \sin(\omega t) + l \cdot \omega \cdot \sin(\omega t + \varphi_0 + \varphi) - l' \cdot \omega \cdot \sin(\omega t + \varphi_0 + \varphi - \gamma) \\ V_{y_G} = a \cdot \omega \cdot \cos(\omega t) - l \cdot \omega \cdot \cos(\omega t + \varphi_0 + \varphi) + l' \cdot \omega \cdot \cos(\omega t + \varphi_0 + \varphi - \gamma) \end{cases}$$

$$\tag{2-10}$$

$$\begin{cases} a_{x_G} = -a \cdot \omega^2 \cdot \cos(\omega t) + l \cdot \omega^2 \cdot \cos(\omega t + \varphi_0 + \varphi) - l' \cdot \omega^2 \cdot \cos(\omega t + \varphi_0 + \varphi - \gamma) \\ a_{y_G} = -a \cdot \omega^2 \cdot \sin(\omega t) + l \cdot \omega^2 \cdot \sin(\omega t + \varphi_0 + \varphi) - l' \cdot \omega^2 \cdot \sin(\omega t + \varphi_0 + \varphi - \gamma) \end{cases}$$

$$\tag{2-11}$$

式中　x_G——弹齿端部水平方向位移，m；

$\quad\quad\ \ y_G$——弹齿端部垂直方向位移，m；

$\quad\quad\ \ V_{x_G}$——弹齿端部水平方向分速度，$\mathrm{m \cdot s^{-1}}$；

$\quad\quad\ \ V_{y_G}$——弹齿端部垂直方向分速度，$\mathrm{m \cdot s^{-1}}$；

$\quad\quad\ \ a_{x_G}$——弹齿端部水平方向加速度，$\mathrm{m \cdot s^{-2}}$；

$\quad\quad\ \ a_{y_G}$——弹齿端部垂直方向加速度，$\mathrm{m \cdot s^{-2}}$；

$\quad\quad\ \ l'$——弹齿长度，m；

$\quad\quad\ \ \varphi_0$——凸轮机构起始，rad；

$\quad\quad\ \ \varphi$——凸轮机构摆角，rad；

$\quad\quad\ \ \gamma$——弹齿与曲柄的夹角，rad。

凸轮机构初始摆角 φ_0 可由下式计算得到。

$$\varphi_0 = \arccos \frac{a^2 + l^2 - R_0^{\,2}}{2al} \tag{2-12}$$

式中 　R_0——凸轮基圆半径，m。

2.2.2 捡拾质量的影响因素分析

（1）捡拾质量的评价

第一方面要求捡拾装置工作中的
漏捡损失小。即应该把留茬上的所有
草料或茎秆捡拾干净，在留茬上没有
遗留的物料。从弹齿运动的位移轨迹
看，即要求漏捡区尽可能小。如图 2-5
所示，弹齿的外露部分的轨迹是工作
区，两个相邻弹齿轨迹的不重合区为
漏捡区，漏捡区的面积和形状是造成
漏捡的主要内在因素。弹齿运动轨迹是一个摆线，漏捡区是由相邻两个摆线交叉而
成。由式（2-5）和式（2-9）可知，摆线形状与决定 λ 值的机组前进速度 V_t、滚筒回转
角速度 ω（即转速 n）有关，另外位移还与控制弹齿运动的凸轮机构参数有关，沿滚
筒周向的弹齿杆数量 z、弹齿端部与地面的最小间隙 d 也与漏捡区的大小有关。其
中凸轮机构参数包括：凸轮滑道廓线的基圆半径 R_0、滚轮半径 r、滚筒半径 a、曲
柄长度 l、弹齿相对于曲柄的夹角 γ、弹齿长度 l' 和凸轮盘滑道廓线形状。

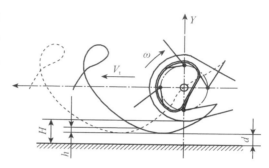

图 2-5 弹齿滚筒式捡拾装置漏捡区

根据相邻两排弹齿端部连线的运动轨迹曲面交线高度 h 的要求可以决定各参数
的关系。如图 2-5 所示，为了不致漏捡，必须是：

$$h \leqslant H - d \tag{2-13}$$

$$\lambda = \frac{V}{V_t} = \frac{\beta - \theta}{2\sin \dfrac{\theta}{2}} \tag{2-14}$$

其中，

$$\beta = \frac{2\pi}{z}$$

$$\theta = 2\arccos\left(1 - \frac{h}{R'}\right) \tag{2-15}$$

式中　V——弹齿端部线速度，$\mathrm{m \cdot s^{-1}}$；

　　　H——护板离地高度，m；

　　　d——弹齿端部与地面最小间隙，m；

　　　h——漏捡区高度，m；

　　　β——各排齿杆间角，rad；

　　　θ——与 h 相应的滚筒转角，rad；

　　　z——沿滚筒周向的弹齿杆数量。

　　第二方面，要求破碎损失小，即在捡拾过程中，不要撕破豆科草料最有营养价值的细嫩叶片，对牧草的打击作用要小，在捡拾过程中防止牧草花叶的脱落，并防止弹齿在捡拾后带草。从弹齿运动的速度看，要求放齿时迅速，在弹齿开始动作前有较大的线速度，除空行段外，弹齿端部绝对速度不得超过 $3\mathrm{m \cdot s^{-1}}$，速度过高，弹齿对牧草的冲击力过大会造成破碎损失增加；捡拾升运物料时要求弹齿端部有一定的线速度，但速度值变化不大，弹齿运动平稳，而且升举阶段弹齿端速度相对向上；而收齿时的运动方向与物料喂入方向保持垂直，弹齿端部速度向下，即收齿时相对水平分速度为零，这样弹齿不拖挂物料。由式（2-10）可知，弹齿端部速度的变化与机组前进速度 V_t、滚筒回转角速度 ω（即转速 n）和凸轮机构参数有关。

　　第三方面，弹齿在运动过程中应避免过高的加速度，以免加剧凸轮盘滑道的磨损和工作中的不平稳性，增加对牧草的作用力，造成花叶等脱落。加速度值小，在工作过程中，滚子压向滑道内表面或压向外表面的力就小，磨损小，功率消耗低。由式（2-11）可知，加速度的变化与滚筒回转角速度 ω（即转速 n）和凸轮机构参数有关。

　　（2）捡拾效果的影响因素

　　因为弹齿的运动状态决定于特征参数 λ 值和弹齿的运动规律，所以，确定合理的特征参数 λ 值和设计合理的凸轮滑道形状是保证捡拾效果的关键。

　　通过以上对弹齿端部位移、速度和加速度的分析可知，影响捡拾效果的主要参数是特征参数 λ 和凸轮形状。由式（2-5）可知，λ 值的大小取决于机器前进速度 V_t、滚筒回转角速度 ω（即转速 n）和凸轮机构参数。除此之外，还有其他一些结构参数也对捡拾效果有一定影响，即沿周向弹齿杆数量 z 和弹齿端部与地面的最小间隙 d。一般弹齿端部与地面的最小间隙 d 取 20mm，以越过小石块等防止弹齿碰伤。综上所述，影响捡拾效果的主要因素是特征参数 λ 的取值及凸轮机构参数。

Chapter three | 第 3 章
弹齿滚筒式捡拾装
置捡拾过程的虚拟
仿真

弹齿滚筒式捡拾装置弹齿的运动是弹齿随滚筒的转动、机器的前进运动和弹齿相对于滚筒的摆动运动的合成，是一个复杂的运动过程。传统的解析计算和作图分析方法工作量大、效率低、精度低，而且不能直观地观察到机器部件的相对运动过程。计算机分析方法则具有效率高、精度高和形象直观的特点。同时，计算机分析技术对被研究的系统不但可以进行定性分析，而且能够进行高精度的定量分析。

本研究基于虚拟样机技术针对机械系统的分析功能，利用机械系统设计软件 Pro/Engineer、机械系统分析软件 ADAMS 建立弹齿滚筒式捡拾装置的模型并对其进行仿真分析，在设计软件中进行实体造型、装配和冲突检测，在分析软件中进行功能分析并对其进行运动仿真，获得相关运动曲线，利用分析结果改进设计装置的结构参数，改进设计主要零部件凸轮的廓线形状，并匹配工作参数，用具有自动加工功能的机械软件 UG 软件对优化后的凸轮盘进行虚拟加工，产生数控加工程序，为零件数控加工做准备。

3.1 弹齿滚筒式捡拾装置仿真模型的建立

3.1.1 创建弹齿滚筒式捡拾装置仿真模型

正确建立系统模型，是进行仿真分析的基础。机械系统分析软件 ADAMS 提供了两种建模方法，一种方法是利用 ADAMS/View 的建模功能（零件库、约束库和力库）直接进行交互式图形建模，这种方法建立的模型没有办法追求每个零件的真实外形，但其运算速度快；另一种方法是通过 ADAMS/Exchange 模块将 CAD/CAM 软件的几何图形数据读入 ADAMS/View，用这种方法生成的模型外形真实、质量特性准确，通过在该模型中添加约束力和驱动就可以形成系统模型。由于弹齿滚筒式捡拾装置零部件较多，且其形状和相对位置复杂，本研究采用第二种建模方式。

捡拾装置弹齿组沿滚筒圆周方向均布，由于每一组弹齿的运动规律相同，所以选取其中一组中的一个弹齿进行建模研究。首先在机械系统设计软件 Pro/Engineer 中建立捡拾装置各零件的三维实体模型，组装各零件并添加约束，进行装配和运动干涉检查，后再导入 ADAMS 系统，这样就弥补了 ADAMS 在造型方面的缺陷，在 Pro/Engineer 软件中建立的捡拾装置界面如图 3-1 所示。弹齿杆沿周向均布安装在两端的弹齿盘上，弹齿杆端部固定安装有曲柄，曲柄一端装有滚轮，滚轮和凸轮廓线接触，沿凸轮廓线运动；弹齿杆上固定安装着弹齿，弹齿沿弹齿杆轴向安装有多个，每个弹齿的运动规律相同，模型中只做出一副弹齿；弹齿盘用轴承支承在中间轴上，弹齿盘绕中间轴转动，带动弹齿旋转；凸轮滑道简化为凸轮，和凸轮盘固接在一起；外侧固定安装有侧护板。

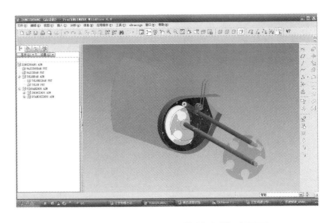

图 3-1　Pro/Engineer 软件中模型界面

将建好的 Pro/Engineer 文件 *.asm 另存为 Parasolid 格式，即 *.x_t 文件，后读入 ADAMS 中，根据弹齿滚筒式捡拾装置的运动河受力情况，在 ADAMS 中添加约束、力和驱动。

本系统模型按弹齿滚筒式捡拾装置实际几何尺寸建立，包括凸轮盘部件、中间轴部件、弹齿轴部件、前进杆 part19 和大地 ground。

其中凸轮盘部件由 part2 滚筒护板、part3 侧护板、part4 凸轮安装支架和 part5 凸轮组成，中间轴部件由 part6 中间轴、part7 和 part8 两个滚轮盘组成，弹齿轴部件由 part9 弹齿轴、part10 转轴、part11 和 part12 两个连接轴、part13 曲柄、part14 弹齿座及 part15 弹齿组成。

按照弹齿滚筒式捡拾装置实际情况添加约束：其中 part2、3、4、5 固定在一起，组成凸轮盘部件；part6、7、8 固定在一起，组成中间轴部件；part9、10、11、12、13、14、15 固定在一起，组成弹齿轴部件；滚轮 part16 与 part13 曲柄之间添加旋转约束，模拟滚轮的旋转运动；中间轴部件与凸轮盘部件之间添加旋转约束，模拟滚筒的转动；弹齿部件与滚轮盘 part7 的一个孔上添加圆柱约束，以使滚筒转动过程中带动弹齿部件一起转动，而且弹齿部件能绕 part7 滚轮盘的一个孔旋转，以模拟摆杆的旋转运动，前进杆 part19 上添加移动副一个，模拟机器的前进运动。最后就剩下凸轮的约束，把凸轮 part5 的廓线用样条曲线命令提取出来，连接成一个整体，和 part5 凸轮固定在一起，滚轮的外圆用圆弧命令提取出来，和滚轮 part16 固定在一起；然后添加凸轮约束 curve to curve。

按照弹齿滚筒式捡拾装置实际运动情况添加驱动：在滚筒旋转处添加旋转驱动，在前进杆处添加移动驱动。其中弹齿滚筒式捡拾装置的前进运动简化为前进杆的平移运动，凸轮滑道简化为平面凸轮。

到此，弹齿滚筒式捡拾装置的 ADAMS 模型创建完成，模型界面如图 3-2 所示。

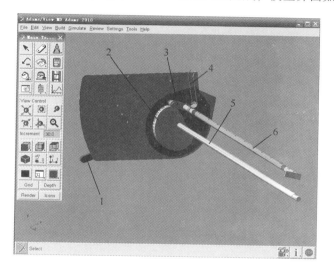

图 3-2　弹齿滚筒式捡拾装置 ADAMS 模型

1. 前进杆　2. 凸轮盘　3. 曲柄　4. 弹齿　5. 中间轴　6. 弹齿杆

3.1.2　弹齿滚筒式捡拾装置模型检验

ADAMS 模型检验主要采用了两种检测模型的方法。首先利用软件的模型检测工具进行检查，运行模型检测命令 model verify，可以得到整个模型的相关信息，其列出了全部的零件、约束副、驱动和作用力，也计算出了整个系统的自由度，相关信息显示界面如图 3-3 所示。信息显示模型检测成功，可以进一步进行仿真研究。

另一种方法是利用仿真工具对模型进行求解，检测是否能模拟成功。选取仿真命令 Interactive Controls，设置相应的仿真时间和步长数，进行仿真计算，模型的运行情况也显示仿真成功，整个机构的运动与原机运动规律相同，且没有死点位置，仿真界面如图 3-4 所示。

图 3-3　模型检验界面
图 3-4　模型仿真界面 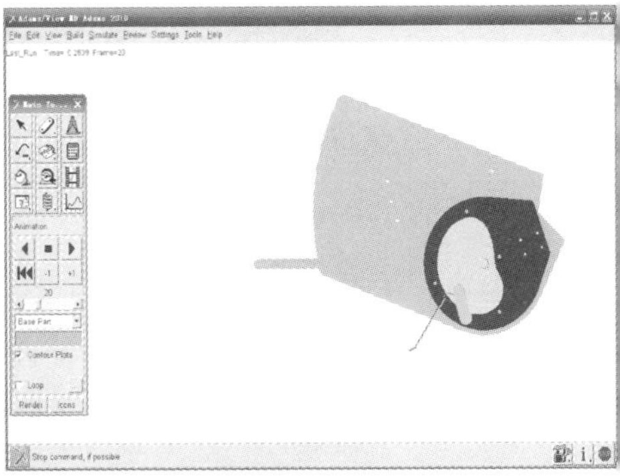

3.2　弹齿滚筒式捡拾装置虚拟仿真

3.2.1　弹齿滚筒式捡拾装置凸轮运动规律

（1）弹齿滚筒式捡拾装置的结构参数

我国研制的弹齿滚筒式捡拾装置结构参数多种多样，下面将几种不同机型压捆机的捡拾装置参数展示如下。

中国农业科学院草原研究所研制的 9JK-1.7 型压捆机捡拾装置参数为：滚筒半径 $a = 118$mm、曲柄长度 $l = 82$mm、弹齿长度 $l' = 200$mm、弹齿与曲柄夹角 $\gamma = 63°$、滚子半径 $r = 17.5$mm、基圆半径 $R_0 = 56$mm；凸轮廓线形状为心脏形，由七段圆弧组成，凸轮廓线形状如图 3-5 所示。

机械工业部呼和浩特畜牧机械研究所研制的 9KJA-1.4 型方捆捡拾压捆机捡拾装

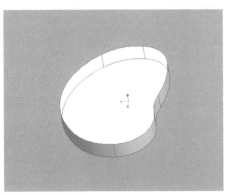

图 3-5　9JK-1.7 型压捆机捡拾装置凸轮形状

置参数：滚筒半径 $a = 163\text{mm}$、曲柄长度 $l = 114\text{mm}$、弹齿长度 $l' = 202\text{mm}$、弹齿与曲柄夹角 $\gamma = 87°$、滚子半径 $r = 17.5\text{mm}$、基圆半径 $R_0 = 79\text{mm}$；凸轮廓线形状为豆形，由四段圆弧和一段直线组成，凸轮廓线形状如图 3-6 所示。

美国生产的新荷兰-850 型圆捆机捡拾装置参数：滚筒半径 $a = 106\text{mm}$、曲柄长度 $l = 64\text{mm}$、弹齿长度 $l' = 192\text{mm}$、弹齿与曲柄夹角 $\gamma = 28°$、滚子半径 $r = 17.5\text{mm}$、基圆半径 $R_0 = 71\text{mm}$；凸轮廓线形状也为豆形，由三段圆弧和一段直线组成，凸轮廓线形状如图 3-7 所示。

由以上几种捡拾装置的参数比较可知，弹齿滚筒式捡拾装置的结构参数各不相同，这与捡拾压捆机的生产条件有关，另外各机型捡拾装置弹齿的尺寸相似，现在弹齿的尺寸在我国已经标准化。我国捡拾装置凸轮廓线形状各不相同，且由于我国在弹齿滚筒式捡拾装置凸轮廓线设计方面还没有明确的设计方法，所以，本研究针对不同机型捡拾装置的凸轮运动规律进行研究。

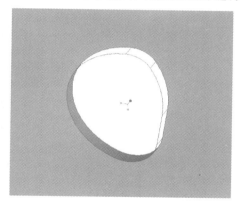

图 3-6　9KJA-1.4 型压捆机捡拾
装置凸轮形状

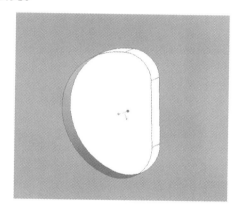

图 3-7　新荷兰-850 型圆捆机捡拾
装置凸轮形状

（2）弹齿滚筒式捡拾装置的凸轮运动规律

为了研究各种机型捡拾装置凸轮的运动规律，分别将以上捡拾装置的参数输入计算机模型，研究凸轮在一个回转周期内弹齿端部摆角、角速度和角加速度随时间的变化规律，以找到凸轮运动规律，同时可以测出滚子中心回转半径和弹齿端部回转半径的变化情况，滚子中心回转半径的最小值即为凸轮基圆半径 R_0。

按一般作业情况设置机组工作速度 $V_t = 5\text{km} \cdot \text{h}^{-1}$，滚筒转速 $n = 60\text{r} \cdot \text{min}^{-1}$，

此时一个回转周期为 1s。

图 3-8、图 3-9 是 9JK-1.7 型压捆机捡拾装置的仿真曲线，图 3-8 是捡拾装置滚子中心回转半径和弹齿端部回转半径的变化情况，其中实线是滚子中心回转半径，虚线是弹齿端部回转半径，图 3-10 是抓取凸轮对应于摆角变化的几个拐点位置的弹齿运动姿态。从图中测得滚子中心回转半径的最小值，即凸轮基圆半径 $R_0 = 56mm$；同时可测得弹齿端部回转半径 R' 的变化情况，可测得 $R' = 290 \sim 373mm$。且当 $t = 0.31s$ 时，弹齿伸长到最大值 373mm，从图 3-10 弹齿运动姿态可知，此时弹齿已经进入捡拾物料状态。

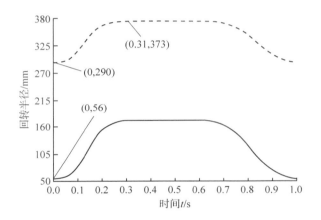

图 3-8 9JK-1.7 型压捆机捡拾装置凸轮机构回转半径变化曲线

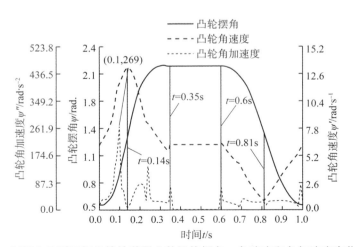

图 3-9 9JK-1.7 型压捆机捡拾装置凸轮机构摆角、角速度和角加速度变化曲线

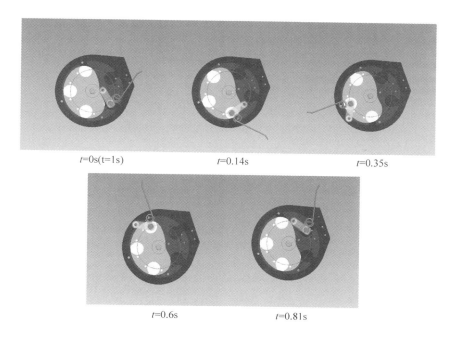

t=0s(t=1s)   t=0.14s   t=0.35s

t=0.6s   t=0.81s

图 3-10 9JK-1.7 型压捆机捡拾装置弹齿运动姿态

图 3-9 为 9JK-1.7 型压捆机捡拾装置的凸轮机构在一个回转周期内，弹齿端部摆角、角速度和角加速度随时间的仿真曲线。结合图 3-10 可以看出，在 $t = 0 \sim$ 0.14s 时，摆角 φ 增大，且其变化速度加速增长，弹齿快速张开，迅速摆动伸出护板外；$t = 0.14 \sim 0.35$s 时，摆角 φ 继续增大，但其变化速度减速下降，弹齿摆动速度减小，以较小的摆动速度插入物料，但在到达最小速度前弹齿已经插入物料；$t = 0.35 \sim 0.6$s 时，摆角基本保持不变，角速度恒定，此时处于远休止阶段，弹齿几乎不摆动，角加速度接近于零，弹齿向上运送物料；$t = 0.6 \sim 0.81$s 时，摆角 φ 减速减小，此时弹齿向后推送物料；$t = 0.81 \sim 1$s 时，摆角 φ 加速减小，弹齿迅速缩进护板内，实现收齿。在整个运动过程中，弹齿的运动规律基本符合工作要求，但弹齿端部角速度降至最低时，弹齿已越过滚筒底部将物料捡起，没有以最小摆动速度插入物料捡拾，弹齿对物料有一定的打击作用，而且由图 3-9 还可以看出，在弹齿运动过程中角加速度值有突变，最大角加速度值达到 269rad·s^{-2}。

图 3-11 ~ 图 3-13 是 9KJA-1.4 型方捆机弹齿滚筒式捡拾装置的仿真情况，图 3-14 ~ 图 3-16 是新荷兰-850 型圆捆机弹齿滚筒式捡拾装置的仿真情况。

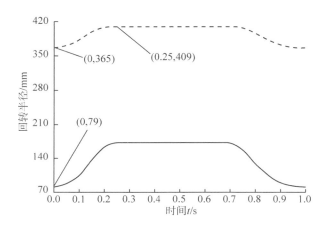

图 3-11　9KJA-1.4 型方捆机捡拾装置凸轮机构回转半径变化曲线

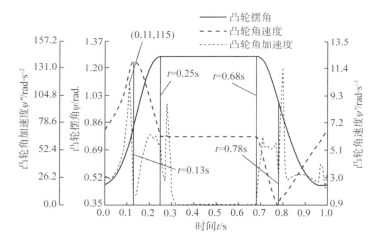

图 3-12　9KJA-1.4 型方捆机捡拾装置凸轮机构摆角、角速度和角加速度变化曲线

由计算机仿真曲线可测得，9KJA-1.4 型方捆机捡拾装置的滚子中心回转半径的最小值，即凸轮基圆半径 $R_0 = 79$mm；弹齿端部回转半径 $R' = 365 \sim 409$mm。且当 $t = 0.25$s 时，弹齿伸长到最大值 409mm，此时从图 3-13 中弹齿的运动姿态可知其正好运行至滚筒下方，将要进入捡拾物料状态。观察其凸轮机构运动规律可知，在 $t = 0 \sim 0.13$s 时，摆角 φ 增大，且其变化速度加速增长，弹齿也是快速张开，迅速摆动伸出护板外；$t = 0.13 \sim 0.25$s 时，摆角 φ 继续增大，但其变化速度减速下降，弹齿

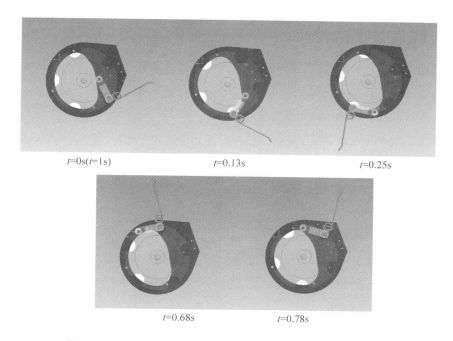

图 3-13　9KJA-1.4 型方捆机捡拾装置凸轮机构弹齿运动姿态

摆动速度减小，且其到达滚筒下方，以最小的摆动速度插入物料；$t = 0.25 \sim 0.68\mathrm{s}$ 时，摆角基本保持不变，角速度恒定，此时处于远休止阶段，弹齿几乎不摆动，角加速度几乎为零，弹齿向上运送物料；$t = 0.68 \sim 0.78\mathrm{s}$ 时，摆角 φ 减速减小，此时弹齿向后推送物料；$t = 0.78 \sim 1\mathrm{s}$ 时，摆角 φ 加速减小，弹齿迅速缩进护板内，收齿。在整个运动过程中，弹齿的运动规律也符合使用要求，且弹齿运转至滚筒下部时，以最小的摆动速度插入物料，降低了打击损失，但角加速度值在弹齿运动过程中也有突变，最大角加速度值达到 $115\mathrm{rad \cdot s^{-2}}$。

　　由计算机仿真曲线图 3-14 同样可测得新荷兰-850 型圆捆机捡拾装置的运转情况。其滚子中心回转半径的最小值，即凸轮基圆半径 $R_0 = 71\mathrm{mm}$；弹齿端部回转半径 $R' = 240 \sim 339\mathrm{mm}$。且当 $t = 0.26\mathrm{s}$ 时，弹齿伸长到最大值 339mm，结合图 3-16 弹齿的运动姿态知，此时弹齿正好运行至滚筒下方，将要进入捡拾物料状态。由其凸轮机构在一个回转周期内，弹齿端部摆角、角速度和角加速度随时间的仿真曲线图 3-15 可以看出，在 $t = 0 \sim 0.16\mathrm{s}$ 时，摆角 φ 增大，且其变化速度加速增长，弹齿也是快速张开，迅速摆动伸出护板外；$t = 0.16 \sim 0.26\mathrm{s}$ 时，摆角 φ 继续增大，但其变化速度减速下降，弹齿摆动速度减小，且其以最小的摆动速度插入物料，以减轻弹齿对物料的打击，降低损失；$t = 0.26 \sim 0.7$s 时，摆角基本保持不变，角速度恒定，角加速度接近于零，此时处于远休止阶段，弹齿几乎不摆动，弹齿向上运送物料；$t = 0.7 \sim 0.86$s 时，摆角 φ 加速减小，此时弹齿向后推送物料；$t = 0.86 \sim 1$s 时，摆角 φ 减速减小，弹齿迅速缩进护板内，收齿。在整个运动过程中，弹齿的运动规律符合使用要求，且弹齿也是以最小摆角插入物料进行捡拾，但其推送阶段弹齿并没有后倾，推送作用不明显，而且其弹齿运动过程中角加速度值也有突变，最大角加速度值为 159rad · s^{-2}。

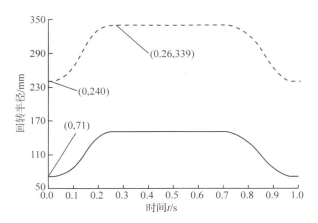

图 3-14　新荷兰-850 型圆捆机捡拾装置凸轮机构回转半径变化曲线

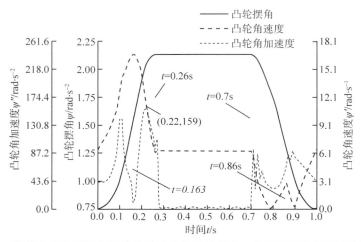

图 3-15　新荷兰-850 型圆捆机捡拾装置凸轮机构摆角、角速度和角加速度变化曲线

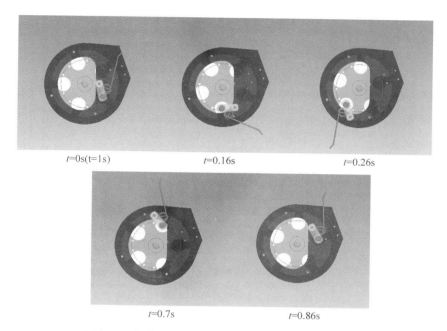

t=0s(t=1s)　　　　　t=0.16s　　　　　t=0.26s

t=0.7s　　　　　t=0.86s

图 3-16　新荷兰-850 型圆捆机捡拾装置弹齿运动姿态

通过以上仿真分析可知，虽然几种弹齿滚筒式捡拾装置的凸轮廓线形状不同，但其凸轮运动规律大致相同，都经历了放齿、捡拾、升运、推送物料和收齿几个阶段，且每一阶段的特点相同。通过仿真分析曲线还可看出，各个机型下的弹齿运动加速度值均有突变，这样各零部件的相互作用力增大，磨损加剧，功率消耗增加，应该避免加速度值突变。

对弹齿工作的各个阶段的运动特点总结如下。第一阶段放齿，弹齿从护板内伸出，长度增长，此时凸轮摆角逐渐增大，且弹齿的摆动速度加快，弹齿猛烈张开，迅速摆动伸出壳体外，随着弹齿长度的增加，摆动速度逐渐减小，以便在进入捡拾物料时以较小的摆动速度接触物料，以减少弹齿对物料的打击，减少损失，这个阶段的速度特点都是先加速后减速，摆角逐渐增大。第二阶段捡拾提升物料，此时弹齿的摆角不变，进入凸轮的远休止状态，角速度为一定值，加速度接近于零，这样捡拾提升物料时平稳。第三阶段弹齿向滚筒后方推送物料，随后收齿，此时弹齿后倾，弹齿摆动速度减速，摆角减小，接着弹齿加速摆动，摆角继续减小，以使弹齿脱离物料，迅速缩进护板内。这个阶段速度的特点是先减速后加速。另外，凸轮运动规律还应使加速度值较小且无突变。

通过分析可知，各种机型弹齿滚筒式捡拾装置的凸轮具有相似运动规律，在此基础上就可以分析出捡拾装置弹齿动作需要的凸轮运动规律。

（3）弹齿滚筒式捡拾装置凸轮运动规律

分析弹齿滚筒式捡拾装置弹齿的运动过程可知，捡拾装置凸轮的运动规律不是单一运动规律，而是由多种运动规律组合而成的，以满足不同工作阶段对弹齿运动轨迹的不同要求。

根据捡拾装置的工作要求，可总结出适合的凸轮机构摆角的变化规律。

在弹齿的放齿阶段，要求迅速，在弹齿进入动作前有较大的线速度，且弹齿伸出到最长状态，随后要减速，以较小速度接触物料进行捡拾，所以在这一阶段的摆角规律宜用等加速或等减速运动规律、余弦加速度运动规律或正弦加速度运动规律，如图 3-17 所示。

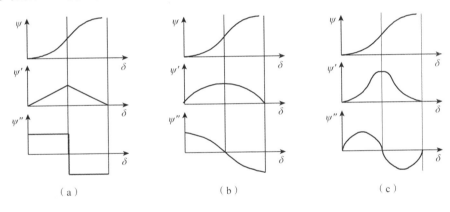

图 3-17　弹齿放齿阶段摆角运动规律

（a）等加速等减速运动规律　（b）余弦中速度规律　（c）正弦加速度规律

在弹齿的捡拾升运物料阶段，要求弹齿伸出的长度保持不变，且保持弹齿处于水平状态，速度值变化不大，这一阶段的摆角规律宜用远休止运动规律，如图 3-18 所示。在弹齿的推送收齿阶段，弹齿后倾作平行移动推送物料，而后从物料中抽出而不拖带物料，直到缩进护板内，推送物料和收齿时弹齿先减速后加速。这一阶段凸轮机构的摆角规律可以用等速运动规律或等加速等减速运动规律、余弦加速度运动规律、正弦加速度运动规律，如图 3-17 和图 3-19 所示。

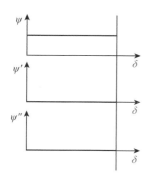

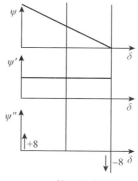

远休止规律

等速运动规律

图 3-18　弹齿运送物料阶段摆角运动规律　　**图 3-19　弹齿收齿阶段摆角运动规律**

由于等速运动规律有刚性冲击存在，加速度特性不好，所以宜选择等加速、等减速运动规律、正弦加速度运动规律、余弦加速度运动规律。经过推导，弹齿滚筒式捡拾装置凸轮运动规律的计算公式见式（3-1）~式（3-8）。

等加速等减速运动规律：

推程等加速阶段$\varphi = \dfrac{2\varepsilon}{\delta_0^2} \cdot \delta^2$

$$\frac{\mathrm{d}\varphi}{\mathrm{d}\delta} = \frac{4\varepsilon}{\delta_0^2} \cdot \delta, \ \ 其中 \ 0 \leqslant \delta < \frac{\delta_0}{2} \tag{3-1}$$

$$\frac{\mathrm{d}^2\varphi}{\mathrm{d}\delta^2} = \frac{4\varepsilon}{\delta_0^2}$$

等减速阶段$\varphi = \varepsilon - \dfrac{2\varepsilon}{\delta_0^2} \cdot (\delta_0 - \delta)^2$

$$\frac{\mathrm{d}\varphi}{\mathrm{d}\delta} = \frac{4\varepsilon}{\delta_0^2} \cdot (\delta_0 - \delta), \ \ 其中 \frac{\delta_0}{2} \leqslant \delta \leqslant \delta_0 \tag{3-2}$$

$$\frac{\mathrm{d}^2\varphi}{\mathrm{d}\delta^2} = \frac{4\varepsilon}{\delta_0^2}$$

回程等加速阶段$\varphi = \varepsilon - \dfrac{2\varepsilon}{{\delta'_0}^2} \cdot \delta^2$

$$\frac{\mathrm{d}\varphi}{\mathrm{d}\delta} = -\frac{4\varepsilon}{{\delta'_0}^2} \cdot \delta, \ \ 其中 \ 0 \leqslant \delta < \frac{\delta'_0}{2} \tag{3-3}$$

$$\frac{\mathrm{d}^2\varphi}{\mathrm{d}\delta^2} = -\frac{4\varepsilon}{{\delta'_0}^2}$$

等减速阶段 $\varphi = \dfrac{2\varepsilon}{{\delta'_0}^2} \cdot (\delta'_0 - \delta)^2$

$$\dfrac{\mathrm{d}\varphi}{\mathrm{d}\delta} = \dfrac{-4\varepsilon}{{\delta'_0}^2} \cdot (\delta'_0 - \delta), \ \text{其中} \dfrac{\delta'_0}{2} \leqslant \delta \leqslant \delta'_0 \tag{3-4}$$

$$\dfrac{\mathrm{d}^2\varphi}{\mathrm{d}\delta^2} = \dfrac{4\varepsilon}{{\delta'_0}^2}$$

余弦加速度规律(简谐运动规律):

推程 $\varphi = \dfrac{\varepsilon}{2}\left(1 - \cos\dfrac{\pi\delta}{\delta_0}\right)$

$$\dfrac{\mathrm{d}\varphi}{\mathrm{d}\delta} = \dfrac{\pi\varepsilon}{2\delta_0}\sin\dfrac{\pi\delta}{\delta_0}, \ \text{其中} \ 0 \leqslant \delta \leqslant \delta_0 \tag{3-5}$$

$$\dfrac{\mathrm{d}^2\varphi}{\mathrm{d}\delta^2} = \dfrac{\pi^2\varepsilon}{2\delta_0^2}\cos\dfrac{\pi\delta}{\delta_0}$$

回程 $\varphi = \dfrac{\varepsilon}{2}\left(1 + \cos\dfrac{\pi\delta}{\delta'_0}\right)$

$$\dfrac{\mathrm{d}\varphi}{\mathrm{d}\delta} = -\dfrac{\pi\varepsilon}{2\delta'_0}\sin\dfrac{\pi\delta}{\delta'_0}, \ \text{其中} \ 0 \leqslant \delta \leqslant \delta'_0 \tag{3-6}$$

$$\dfrac{\mathrm{d}^2\varphi}{\mathrm{d}\delta^2} = -\dfrac{\pi^2\varepsilon}{2{\delta'_0}^2}\cos\dfrac{\pi\delta}{\delta'_0}$$

正弦加速度规律(摆线运动规律):

推程 $\varphi = \varepsilon\left(\dfrac{\delta}{\delta_0} - \dfrac{1}{2\pi}\sin\dfrac{2\pi\delta}{\delta_0}\right)$

$$\dfrac{\mathrm{d}\varphi}{\mathrm{d}\delta} = \dfrac{\varepsilon}{\delta_0}\left(1 - \cos\dfrac{2\pi\delta}{\delta_0}\right), \ \text{其中} \ 0 \leqslant \delta \leqslant \delta_0 \tag{3-7}$$

$$\dfrac{\mathrm{d}^2\varphi}{\mathrm{d}\delta^2} = \dfrac{2\pi\varepsilon}{\delta_0^2}\sin\dfrac{2\pi\delta}{\delta_0}$$

回程 $\varphi = \varepsilon\left(1 - \dfrac{\delta}{\delta'_0} + \dfrac{1}{2\pi}\sin\dfrac{2\pi\delta}{\delta'_0}\right)$

$$\dfrac{\mathrm{d}\varphi}{\mathrm{d}\delta} = -\dfrac{\varepsilon}{\delta'_0}\left(\cos\dfrac{2\pi\delta}{\delta'_0} - 1\right), \ \text{其中} \ 0 \leqslant \delta \leqslant \delta'_0 \tag{3-8}$$

$$\dfrac{\mathrm{d}^2\varphi}{\mathrm{d}\delta^2} = -\dfrac{2\pi\varepsilon}{{\delta'_0}^2}\sin\dfrac{2\pi\delta}{\delta'_0}$$

式中　φ——凸轮机构摆角,rad;

$\dfrac{\mathrm{d}\varphi}{\mathrm{d}\delta}$——凸轮机构角速度,rad $\cdot$ s^{-1};

$\dfrac{\mathrm{d}^2\varphi}{\mathrm{d}\delta^2}$ ——凸轮机构角加速度，$\mathrm{rad \cdot s^{-2}}$；

ε ——摆角行程，rad；

δ_0 ——推程运动角，rad；

δ'_0 ——回程运动角，rad；

δ ——凸轮机构转角，rad。

3.2.2 弹齿滚筒式捡拾装置弹齿端部的速度和加速度研究

仿真分析各种机型捡拾装置弹齿端部的速度与加速度，其仿真曲线如图 3-20~图 3-22 所示。

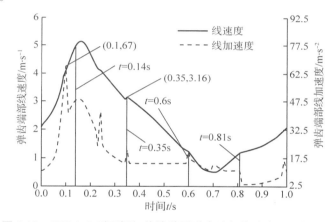

图 3-20　9JK-1.7 型压捆机捡拾装置弹齿端部线速度和线加速度

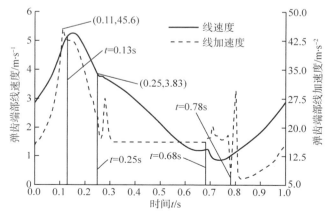

图 3-21　9KJA-1.4 型方捆机捡拾装置弹齿端部线速度和线加速度

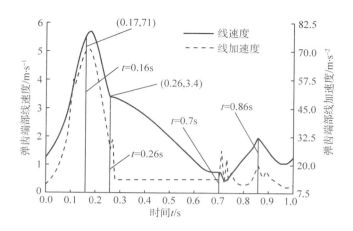

图 3-22 新荷兰-850 型圆捆机捡拾装置弹齿端部线速度和线加速度

对照摆角运动规律仿真曲线可知，各种捡拾装置弹齿端部的速度运动规律相同，弹齿放齿到滚筒下方时刻其速度值最大，随后速度值减小，这使得弹齿在接触物料时速度值减小，避免打击损伤物料；平稳提升时，速度值继续减小，当弹齿到达滚筒上方推送物料时，速度值先降低后增加，当推送动作完成后，速度值增大，进入收齿阶段。但捡拾装置在放齿结束接触物料时速度值均较大，已大于 $3\,m\cdot s^{-1}$，这样使破碎损失增加，不符合设计要求，需进一步降低弹齿端部速度。

由加速度仿真结果可知，几种机型的加速度值均有不同程度的突变，且有的机型加速度值较大，如新荷兰-850 型压捆机捡拾装置弹齿端部加速度值最大达到 $71\,m\cdot s^{-2}$，加速度值也需进一步降低。

3.2.3 弹齿滚筒式捡拾装置弹齿端部位移研究

由前述分析可知，匹配不同的机器前进速度 V_t 和滚筒转速 n 时，特征参数 λ 的值也不同，且余摆线环扣大小也不同，这直接影响弹齿位移曲线漏捡区面积的大小。

三种捡拾装置匹配相同工作参数时的位移曲线如图 3-23～图 3-25 所示，可见余摆线环扣大小不同造成漏捡区面积的不同，这主要是因为各种机型的凸轮机构参数不同而造成的，参数中最主要的是凸轮廓线形状，其直接影响弹齿的运动轨迹。

由分析可知，要满足漏捡区面积的要求，需选择合理的凸轮机构参数并设计合理的凸轮廓线形状，然后匹配合适的工作参数，各参数之间是互相影响的。

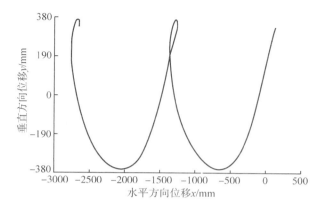

图 3-23   9JK-1. 7 型压捆机捡拾装置弹齿端部位移曲线

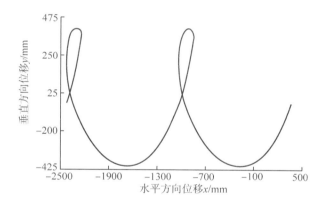

图 3-24   9KJA-1. 4 型方捆机捡拾装置弹齿端部位移曲线

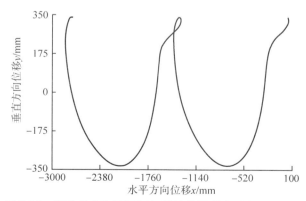

图 3-25   新荷兰-850 型圆捆机捡拾装置弹齿端部位移曲线

3.2.4 弹齿滚筒式捡拾装置的仿真分析

以内蒙古锡林郭勒盟原宝昌牧机厂生产的 9KJ-1.4A 型捡拾压捆机捡拾装置为研究对象，对捡拾过程进行计算机仿真分析，并进行改进设计。

捡拾装置的主要结构参数如下：滚筒半径 $a = 125\,\text{mm}$，曲柄长度 $l = 80\,\text{mm}$，弹齿长度 $l' = 178\,\text{mm}$，弹齿与曲柄夹角 $\gamma = 1.1\,\text{rad}$，滚子半径 $r = 17.5\,\text{mm}$，弹齿杆数 $z = 5$ 个。其主要技术指标为：配套动力 50~60 马力*拖拉机，机组工作速度 5km·h^{-1}，纯工作小时生产率 5~10t·h^{-1}。

3.2.4.1 各参数对弹齿运动的影响

（1）弹齿杆数量 z 对弹齿运动的影响

图 3-26~图 3-29 为弹齿滚筒式捡拾装置结构参数相同，匹配工作参数 $V_t = 5\,\text{km·h}^{-1}$，滚筒转速 $n = 60\,\text{r·min}^{-1}$ 时，弹齿沿圆周方向分别安装 3 个弹齿、4 个弹齿、5 个弹齿和 6 个弹齿情况下的位移轨迹曲线图。

从图中可测得安装 3 个弹齿时的漏捡区高度 $h = 51\,\text{mm}$，计算得漏捡区面积为 $11\,815\,\text{mm}^2$；安装 4 个弹齿的漏捡区高度 $h = 29\,\text{mm}$，计算得漏捡区面积为 $4941.2\,\text{mm}^2$；安装 5 个弹齿的漏捡区高度 $h = 18\,\text{mm}$，计算得漏捡区面积为 $2492.8\,\text{mm}^2$；而安装 6 个弹齿的漏捡区高度 $h = 12\,\text{mm}$，计算得漏捡区面积为 $1398.8\,\text{mm}^2$。

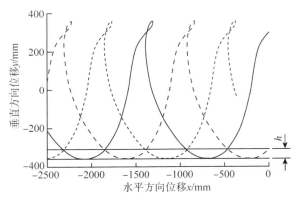

图 3-26 装 3 个弹齿时弹齿端部位移轨迹

---

* 1 马力≈0.74kW

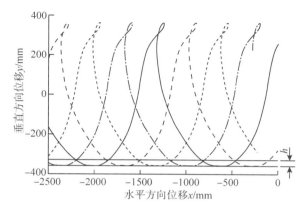

图 3-27　装 4 个弹齿时弹齿端部位移轨迹

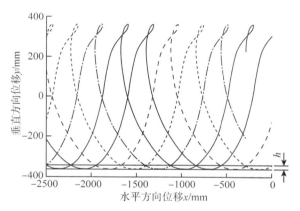

图 3-28　装 5 个弹齿时弹齿端部位移轨迹

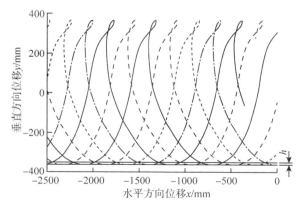

图 3-29　装 6 个弹齿时弹齿端部位移轨迹

　　由以上测量可以看出，在工作参数与凸轮机构参数相同的情况下，弹齿杆的数量越多，漏捡区的面积越小，但随着弹齿杆数量的增多，机器复杂程度也大大增加，且数量增加到一定程度后，漏捡区面积的减小并不显著，对于一定结构尺寸的捡拾装置来说，有一适宜的弹齿杆数量值 z 存在。由以上仿真分析可知，原宝昌牧机厂生产的 9KJ-1.4A 型捡拾压捆机捡拾装置的结构参数一定时，沿滚筒圆周方向均布 5 个弹齿杆是合理的。

　　（2）滚筒转速 n 对弹齿运动的影响

　　图 3-30~图 3-32 为捡拾装置结构参数和机组前进速度一定的情况下，滚筒转速 $n=60\mathrm{r}\cdot\mathrm{min}^{-1}$ 和 $n=77\mathrm{r}\cdot\mathrm{min}^{-1}$ 时的弹齿端部位移、速度和加速度的变化情况。由图 3-30 可知，滚筒转速越大，轨迹的摆环环扣越大，λ 值也越大，轨迹曲线越低，则漏捡区面积越小；由图 3-31、图 3-32 可知，滚筒转速越大，弹齿端部的速度值和加速度值越大，弹齿对牧草的打击作用越大，滚轮对滑道的冲击力越大，但速度和加速度值的总体变化趋势不变，取决于凸轮滑道廓线形状。

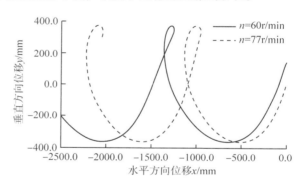

图 3-30　不同滚筒转速时弹齿端部位移轨迹

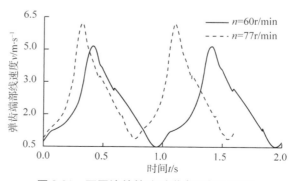

图 3-31　不同滚筒转速时弹齿端部线速度

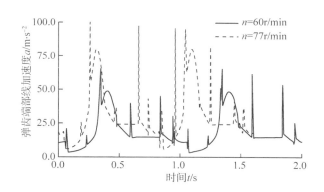

图 3-32　不同滚筒转速时弹齿端部线加速度

分析可知，在满足漏捡区面积和生产率的情况下，应选择较小的滚筒转速。

（3）机器前进速度 V_t 对弹齿运动的影响

由第 2 章式（2-9）~式（2-11）可知，机器前进速度 V_t 只对弹齿水平速度有影响，对垂直方向速度和加速度无影响。图 3-33、图 3-34 为捡拾装置结构参数和滚筒回转速度 n 一定的情况下，机组前进速度分别是 $V_t = 4\mathrm{km \cdot h^{-1}}$ 和 $V_t = 5\mathrm{km \cdot h^{-1}}$ 时的弹齿端部位移、水平速度的变化情况。由图 3-33 可知，机组前进速度越大，轨迹摆环环扣越小，即 λ 值越小，则漏捡区面积越大；由图 3-34 可知，机组前进速度越大，水平分速度的绝对值越大。所以机器前进速度 V_t 的选择取决于漏捡区面积的要求，即 λ 值的大小。

通过分析可知，在机器结构参数一定的情况下，有一最优的滚筒转速 n 与机组前进速度 V_t 的匹配值存在，即有一最优的 λ 取值范围存在。

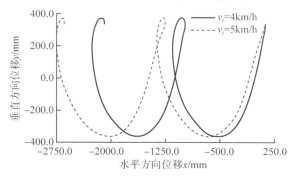

图 3-33　不同前进速度弹齿端部位移

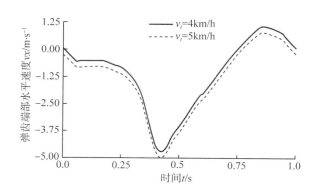

图 3-34 不同前进速度弹齿端部水平分速度

3.2.4.2 弹齿滚筒式捡拾装置仿真分析

按机器实际作业情况设置机组工作速度 $V_t = 5\text{km} \cdot \text{h}^{-1}$，滚筒转速 $n = 60$ $\text{r} \cdot \text{min}^{-1}$，此时一个回转周期为 1s。

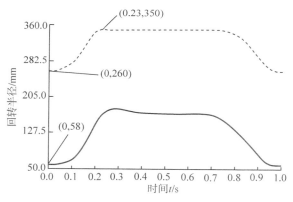

图 3-35 凸轮机构回转半径变化曲线

图 3-35 为滚子中心回转半径和弹齿端部回转半径的变化情况，其中实线是滚子中心回转半径，虚线为弹齿端部回转半径，从图中可测得滚子中心回转半径的最小值，即凸轮基圆半径 $R_0 = 58\text{mm}$；同时可测得弹齿端部回转半径 R' 的变化情况，可测得 $R' = 260 \sim 350\text{mm}$。

图 3-36、图 3-37 为其计算机仿真曲线，图 3-39 为捡拾装置在一个周期内几个时刻的运动姿态。结合图 3-36 ~ 图 3-38 可以看出，在 $t = 0 \sim 0.19\text{s}$ 时，摆角 φ 增大，且其变化速度快速增长，弹齿端部速度和加速度值均增大，摆角快速增大，弹齿快速张开，迅速摆动伸出护板外，这一放齿阶段弹齿端部垂直方向速度向下；$t = 0.19 \sim 0.29\text{s}$ 时，摆角 φ 继续增大，但其摆动速度减速下降，其速度和加速度值均减小，以较小的速度插入物料，以减轻弹齿对物料的打击，降低损失；$t = 0.29 \sim 0.65\text{s}$ 时，摆角基本保持不变，角速度恒定，此时处于远休止阶段，弹齿几乎不摆动，弹齿向上运送物料，其速度和

加速度值均减小，且弹齿垂直方向速度转而向上；$t = 0.65 \sim 0.85\mathrm{s}$ 时，摆角 φ 减速减小，此时弹齿向后推送物料，并且端部速度转而向下；$t = 0.85 \sim 1\mathrm{s}$ 时，摆角 φ 加速减小，弹齿端部速度和加速度增大，弹齿迅速缩进护板内而完成收齿动作。在整个运动过程中，弹齿的运动规律符合使用要求，但弹齿接触物料时线速度为 $3.15\mathrm{m} \cdot \mathrm{s}^{-1}$，略高一些，其开始收齿时刻 $t = 0.85\mathrm{s}$ 时的相对水平分速度为零，即其绝对速度与机器前进速度相同，方向相反，其收齿时的垂直速度方向向下，不拖挂物料，符合要求；但运动过程中加速度值有突变，最大角加速度达到 $352\mathrm{rad} \cdot \mathrm{s}^{-2}$。最大加速度值达到 $126\ \mathrm{m} \cdot \mathrm{s}^{-2}$。

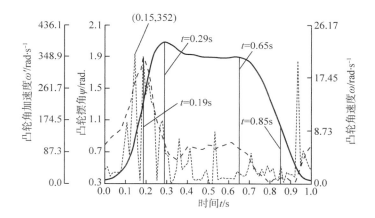

图 3-36　凸轮机构摆角、角速度和角加速度变化曲线

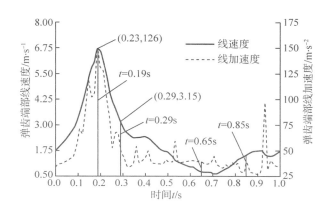

图 3-37　弹齿端部线速度和线加速度

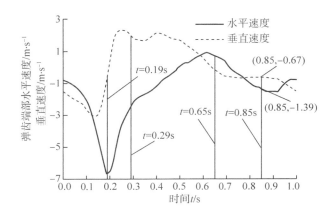

图 3-38 弹齿端部水平和垂直方向分速度

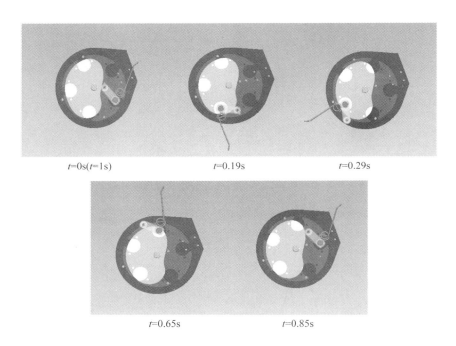

图 3-39 弹齿运动姿态

由第 2 章式 (2-14) 和式 (2-15) 可知，当弹齿杆数量 $z=5$ 时，令 $\lambda > 1$，计算得漏捡区高度 $\dfrac{h}{R'} < 0.05$，由于弹齿到达最低端时，弹齿伸出至最长状态，所以取

R'_{max} = 350mm，此时 h < 17.5mm 方可满足要求。图 3-40 为弹齿端部位移轨迹图，从图中可测得漏捡区高度 h = 22mm，不能够满足要求。

　　由以上分析可知，原宝昌牧机厂生产的 9KJ-1.4A 型捡拾压捆机捡拾装置在工作过程中弹齿的运动基本能满足使用要求；弹齿端部水平分速度和垂直分速度变化趋势合理，但接触物料时线速度略大，这会加大对牧草的打击作用；而且弹齿运动过程中加速度值有突变，且加速度值较大，这会造成使用过程中滚轮对滑道的冲击力较大，工作不平稳。在工作参数 V_t = 5km · h^{-1}，n = 60r · min^{-1} 时，不能满足漏捡区面积的要求，捡拾损失率较高。

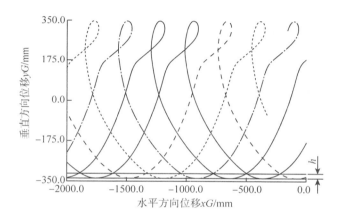

图 3-40　弹齿端部位移轨迹

Chapter four | 第 4 章
弹齿滚筒式捡拾
装置的改进

4.1 弹齿滚筒式捡拾装置的改进设计

4.1.1 弹齿滚筒式捡拾装置参数的选择

（1）捡拾装置的工作幅宽

捡拾装置的工作幅宽随着作业条件而不同，一般捡拾压捆机和中型青饲料收获机的捡拾装置幅宽为 1.4~2.0m，而大型青饲料收获机可达 3.0~3.8m。

（2）弹齿间距

弹齿在弹齿杆上的间距一般控制在 63~100mm 范围内。

（3）捡拾装置的离地间隙

捡拾装置滚筒运动时其弹齿端部应保持适当的离地间隙，如间隙过大，将会形成漏捡。一般离地间隙设为 20mm，以越过小石块。

（4）凸轮机构参数

凸轮的运动特性主要由凸轮滑道廓线形状决定，其他结构参数按照捡拾作业生产条件选择。其中滚筒半径 a 不能太小，否则运动不灵活，但过大则结构笨重；曲柄长度 l、弹齿长度 l'、弹齿与曲柄夹角 γ 与捡拾物料厚度、割茬高度和捡拾装置离地间隙有关；而弹齿的尺寸已经标准化；基圆半径 R_0 与滚轮轴直径有关，滚子半径 r 与基圆半径尺寸有关。

按照牧草捡拾的生产条件和凸轮机构设计理论校核原宝昌牧机厂 9KJ-1.4A 型捡拾压捆机捡拾装置基本结构参数，可知其在许可范围之内，并满足使用要求。所以保持弹齿滚筒式捡拾装置基本结构参数不变，改进设计凸轮滑道廓线形状。

（5）工作参数

工作参数是指机器前进速度 V_t 和滚筒转速 n。通过前述分析知，有一最优的捡拾装置滚筒转速 n 和机器前进速度 V_t 的匹配值存在，需根据漏捡区的要求进行合理匹配。

4.1.2 凸轮滑道廓线的改进设计

保持弹齿滚筒式捡拾装置基本结构参数不变，即滚筒半径 $a = 125$mm、曲柄长

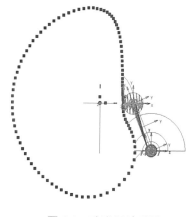

图 4-1 改进设计后的凸轮轮廓曲线

度 $l = 80$mm、弹齿长度 $l' = 178$mm、弹齿与曲柄夹角 $\gamma = 1.1$rad、滚子半径 $r = 17.5$mm、基圆半径 $R_0 = 58$mm，按照凸轮机构基本尺寸的设计校核机构压力角等参数，可知各项结构参数在许可范围之内。

根据式（2-12）计算初始摆角得 $\varphi_0 = \dfrac{7}{60}\pi$rad（21°），据基本结构参数及弹齿放齿后伸出至最长状态，可解得最大摆角 $\varphi_{max} = \dfrac{19}{36}\pi$rad。其初始位置在凸轮基圆半径处，如图 4-1 所示。

按照弹齿的运动要求，设计凸轮的 3 个运动阶段如下：

（1）推程阶段

弹齿放齿，并到达捡拾物料状态。弹齿由基圆处 φ_0 开始，转到滚筒下方并转过一定角度，弹齿伸长至最大，摆角达到最大 φ_{max}。此时可计算出转角 $\delta = \dfrac{11}{18}\pi$。

（2）远休止阶段

弹齿捡拾、升运物料，运动到滚筒上方。弹齿伸出长度不变，摆角保持 φ_{max} 不变，可计算出转角 $\delta = \dfrac{4}{3}\pi$。

（3）回程阶段

弹齿向后推送物料，并收齿。弹齿运动到滚筒上方，随着滚动，弹齿向后有较大倾斜，推送物料，弹齿摆角减小，当弹齿运动到竖直状态时，弹齿平行移动，弹齿快速回缩进护板内，弹齿摆角减小至零。此时转角 $\delta = 2\pi$，完成一个运动周期。

凸轮机构的从动件运动规律，必须在全行程范围内保证摆角连续无突变，力求速度、加速度值无突变，这是评价运动规律特性优劣的前提。按照前述凸轮运动规律分析，其升程和回程阶段可以用等加速等减速运动规律、余弦加速度运动规律和正弦加速度运动规律，由于正弦加速度规律的加速度在运动过程中无突变现象，不存在冲击力，具有较好的动力性能，故升程和回程阶段选择正弦加速度运动规律。设计的凸轮运动规律见表 4-1。

表 4-1　凸轮运动规律

运动阶段	凸轮转角/rad	1s 周期内对应时间/s	摆角/rad
推程阶段	$0 \leqslant \delta < \dfrac{11\pi}{18}$	$0 \leqslant t < \dfrac{11}{36}$	摆动增大到 $\psi_{\max}$
远休止阶段	$\dfrac{11\pi}{18} \leqslant \delta < \dfrac{4\pi}{3}$	$\dfrac{11}{36} \leqslant t < \dfrac{2}{3}$	保持 $\psi_{\max}$
回程阶段	$\dfrac{4\pi}{3} \leqslant \delta \leqslant 2\pi$	$\dfrac{2}{3} \leqslant t \leqslant 1$	摆动减小到 0

按照表 4-1 的凸轮运动规律设计凸轮，按第 2 章式（2-22）和式（2-23）计算凸轮各个阶段的摆角运动规律，如下所示。

推程阶段（正弦加速度运动规律）：

$$\varphi = \frac{19}{36}\pi\left(\frac{\delta}{\dfrac{11}{18}\pi} - \frac{1}{2\pi}\sin\frac{2\pi\delta}{\dfrac{11}{18}\pi} \right) \tag{4-1}$$

其中：$0 \leqslant \delta < \dfrac{11}{18}\pi$

远休止阶段：

$$\varphi = \frac{19}{36}\pi \tag{4-2}$$

其中：$\dfrac{11}{18}\pi \leqslant \delta < \dfrac{4}{3}\pi$

回程阶段（正弦加速度运动规律）：

$$\varphi = \frac{19}{36}\pi\left(1 - \frac{\delta - \dfrac{4}{3}\pi}{\dfrac{2}{3}\pi} + \frac{1}{2\pi}\sin\frac{2\pi\left(\delta - \dfrac{4}{3}\pi\right)}{\dfrac{2}{3}\pi} \right)$$

$$= \frac{19}{36}\pi\left(1 - \frac{\delta - \dfrac{4}{3}\pi}{\dfrac{2}{3}\pi} + \frac{1}{2\pi}\sin(3\delta - 4\pi) \right) \tag{4-3}$$

其中：$\dfrac{4}{3}\pi \leqslant \delta < 2\pi$

传统的凸轮设计采用解析法，计算量大，本研究在 ADAMS 环境下根据相对轨迹曲线生成实体的方法设计凸轮。

如图 4-2 所示建立的模型中，保留曲柄和弹齿杆有效，其他零件处于失效状态，添加弹齿杆相对于中心的转动约束副，模拟弹齿绕滚筒的旋转运动，添加曲柄相对于弹齿杆的转动约束副，模拟摆杆的摆动运动，并在两个转动副上添加旋转驱动，再将凸轮转角与摆杆摆角规律 IF 函数写入铰点的 MOTION 中，设置滚筒旋转的角速度为 $6.28\mathrm{rad} \cdot \mathrm{s}^{-1}(60\mathrm{r} \cdot \mathrm{min}^{-1})$，IF 函数如下：

– if(time – 11/36：(19 * pi/36) * ((6.28 * time)/(11 * pi/18) – 1/(2 * pi) * sin(2 * pi * (6.28 * time)/(11 * pi/18))), 19 * pi/36, if(time – 2/3：19 * pi/36, 19 * pi/36, if(time – 1：19 * pi/36 * (1 – (6.28 * time – 4 * pi/3)/(2 * pi/3) + 1/(2 * pi) * sin(3 * 6.28 * time – 4 * pi)), 0, 0)))

仿真时间设为 1s，100 步，运行仿真，仿真完成后，使用 Creat Trace Spline 功能生成凸轮轮廓线，选取生成的凸轮轮廓线，进入编辑轮廓曲线状态，选取 Location table，再选择文件 File 下的写入指令 Write，即可导出凸轮坐标点，得到凸轮轮廓的点坐标值，如图 4-2 所示。

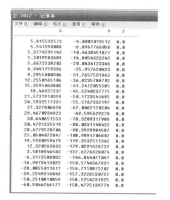

图 4-2 凸轮盘廓线形状的点坐标文件

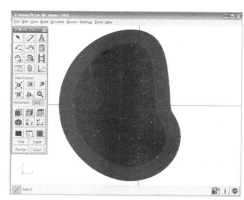

图 4-3 改进设计后的凸轮内外轮廓曲线

由于实际凸轮盘廓线为滑道，所以在生成凸轮轮廓线时，分别选取滚子内侧和外侧轮廓，得到两条凸轮轮廓的包络线，此即为实际凸轮盘的凸轮滑道的曲线形状，如图 4-3 所示。将 ADAMS 中生成的凸轮轮廓线另存为 *.igs 格式，以便为后续凸轮盘的设计建模和自动加工做好准备。

4.2　改进设计后凸轮盘的设计建模与加工

在 Pro/Engineer 软件中，插入共享数据文件 *.igs，即把在 ADAMS 中生成的两条凸轮轮廓曲线读入至 Pro/Engineer 软件中，就可以用已知的改进后的轮廓曲线建模，按照其实际安装尺寸建立凸轮盘模型，在 Pro/Engineer 软件建立的凸轮盘模型如图 4-4 所示。

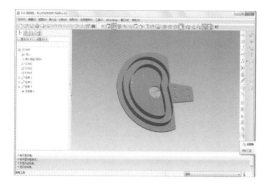

图 4-4　用 Pro/Engineer 建立的凸轮盘

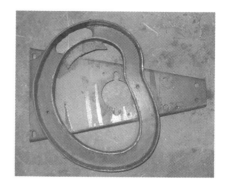

图 4-5　9KJ-1. 4A 捡拾压捆机
捡拾装置凸轮盘

原宝昌牧机厂生产的 9KJ-1.4A 型捡拾压捆机滚筒式捡拾装置凸轮盘如图 4-5 所示，采用的是放样焊接加工方式，曲线拟合精度较差。由于改进设计的凸轮盘滑道廓线是计算机仿真设计结果，输出廓线形状为点坐标文件，用传统加工方法不能很好保证加工精度，在此选用自动编程，数控加工方式完成。具体过程如下。

因 UG 软件自动编程能力较好，所以将在 Pro/Engineer 软件中建立的模型导入UG 软件。加工时毛坯是钢板型材，采用粗精加工分开的加工方式，用 4 个工序将零件加工完成。

①粗精铣凸轮盘外轮廓；

②粗精铣凸轮盘内轮廓；

③粗精铣凸轮盘滑道；

④铣内孔，钻安装孔。

每一加工工序生成的自动加工数控程序见附录，在立式加工中心上加工完成的凸轮盘如图 4-6 所示。

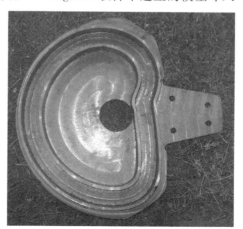

图 4-6　加工完成的捡拾装置凸轮盘

4.3 改进设计后的弹齿滚筒式捡拾装置仿真分析

本研究对改进设计后的弹齿滚筒式捡拾装置进行了仿真分析,图 4-7 为改进设计后凸轮运动规律图,一个回转周期为 1s。从中可测得改进后最大角加速度值为 111rad·s^{-2},最大加速度值为 86m·s^{-2},其值大大降低,且摆角、角速度和角加速度值连续、无突变,满足弹齿运动要求。图 4-8~图 4-10 为改进凸轮设计且匹配工作参数后的仿真曲线图,滚筒回转速度为 64r·min^{-1},机器前进速度 $V_t = 5$km·h^{-1}

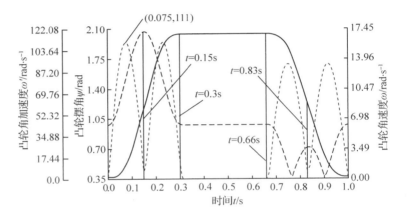

图 4-7 改进设计后凸轮摆角、角速度和角加速度变化曲线

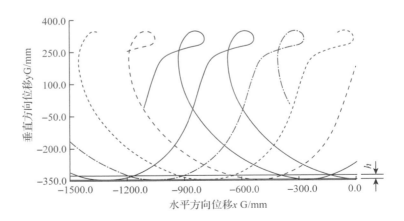

图 4-8 改进设计后弹齿端部位移曲线

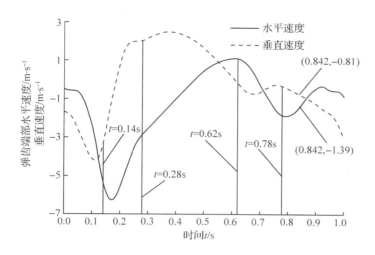

图 4-9　改进设计后弹齿端部水平分速度、垂直速度
和线加速度分速度变化图

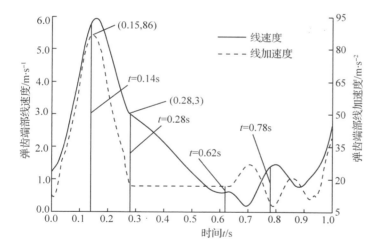

图 4-10　改进设计后弹齿端部线速度、线加速度

（1.39m·s⁻¹），一个回转周期为 0.94s。由图 4-8 可测得漏捡区高度 $h=16.8$mm，符合要求；从图 4-9 中可以测得当 $t=0.842$ s 时，弹齿具有与机组前进速度相反、数值相同的水平分速度，即相对于滚筒的水平分速度为零，且垂直方向速度为负值，方向向下，此时刻在收齿阶段，即收齿时可避免拖带牧草。从图 4-10 中可知，

$t = 0.28\,\mathrm{s}$ 时，弹齿端部速度已降至 $3\mathrm{m \cdot s^{-1}}$，接触物料时速度值合理。

　　仿真分析表明，改进设计后的凸轮运动规律能满足使用要求，结合图 4-7~
图 4-11 可以看出，$t = 0 \sim 0.28\mathrm{s}$ 时为放齿阶段，弹齿摆角先快速增大，其速度和加
速度也增大，使齿快速伸出，改进设计后弹齿端部加速度最大值由原来的 $126\mathrm{m \cdot s^{-2}}$
降至 $86\,\mathrm{m \cdot s^{-2}}$，而后摆角减速增大，其速度和加速度也随之减小，弹齿以较小速
度接触物料进行捡拾，当刚刚进入捡拾接触物料时刻 $t = 0.28\mathrm{s}$ 时其速度已经降至
$3\mathrm{m \cdot s^{-1}}$；$t = 0.28 \sim 0.62\mathrm{s}$ 时，为捡拾升运阶段，弹齿摆角不变，其角速度恒定，角
加速度值接近于零，其速度和加速度值变化也减小，以平稳速度提升物料；$t =$
$0.62 \sim 0.78\mathrm{s}$ 时，为推送阶段，弹齿后倾，摆角减速减小，推送物料，其速度和加
速度值减小，使弹齿脱离物料；$t = 0.78 \sim 1\mathrm{s}$ 时，为收齿阶段，摆角加速减小，其速
度和加速度值增大，弹齿迅速缩进护板内。

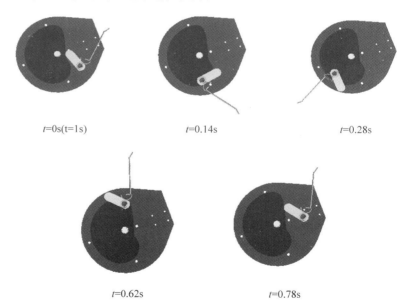

$t=0\mathrm{s}(t=1\mathrm{s})$　　　　　　　$t=0.14\mathrm{s}$　　　　　　　$t=0.28\mathrm{s}$

$t=0.62\mathrm{s}$　　　　　　　$t=0.78\mathrm{s}$

图 4-11　改进设计后弹齿运动姿态

　　由以上分析可知，改进设计后的凸轮形状满足弹齿工作的动作要求，且弹齿接
触物料时速度不大于 $3\mathrm{m \cdot s^{-1}}$，加速度连续无突变，其值也大大降低，匹配工作参
数 $V_t = 5\mathrm{km \cdot h^{-1}}$，滚筒转速 $n = 64\mathrm{r \cdot min^{-1}}$ 时，漏捡区小，满足使用要求。

4.4 生产率校核

额定生产率按下式计算：

$$Q = V_t g \qquad (4\text{-}4)$$

式中　Q——额定生产率，$t \cdot h^{-1}$；

　　　V_t——机器的前进速度，$km \cdot h^{-1}$；

　　　g——每米草条质量，$kg \cdot m^{-1}$。

当前，在我国普遍使用的各种割、搂草机制备的草条，当牧草含水率为 17%~23% 时，其每米长度上的草条质量一般在 2.5~3.5kg 之间。根据以上数据，可以初步估算压捆机的生产率：

$$Q = 5 \times (2.5 \sim 3.5) = 12.5 \sim 17.5 t \cdot h^{-1}$$

其生产率满足机器的技术要求。

表 4-2　改进后设计参数配置

参　数		数　值
	沿周向弹齿杆数量 z	5
凸轮机构结构参数	滚筒半径/mm	125
	曲柄长度/mm	80
	弹齿长度/mm	178
	弹齿与曲柄夹角/rad	1.1
	滚子半径/mm	17.5
	基圆半径/mm	58
滚筒回转速度/r·min⁻¹		64
机器前进速度/km·h⁻¹		5
λ 值		1.27~1.66

弹齿滚筒式捡拾装置的捡拾作业质量主要取决于捡拾弹齿的运动状态，为了获得影响捡拾装置作业质量的影响因素，本章采用虚拟样机技术对弹齿滚筒式捡拾装置进行了仿真分析，并进行了相关参数的改进设计表 4-2。研究表明：

①$\lambda > 1$ 是弹齿滚筒式捡拾装置正常工作的必要条件。

②影响捡拾效果的主要参数是特征参数 λ 的取值和凸轮机构参数，其中 λ 的大小取决于机器前进速度 V_t、滚筒回转角速度 ω（即转速 n）和凸轮机构参数。除此之

外，沿周向弹齿杆数量 z、弹齿端部与地面的最小间隙 d 也对捡拾效果有一定影响。

③弹齿滚筒式捡拾装置弹齿的运动主要取决于凸轮轮廓曲线形状，各种机型的弹齿运动规律相似，都由放齿、捡拾、升运、向后输送和收齿几个阶段组成。得出了满足捡拾装置工作要求的凸轮机构运动规律，即放齿阶段宜用等加速等减速运动规律、余弦加速度运动规律和正弦加速度运动规律，捡拾升运阶段宜用远休止运动规律，向后推送物料和收齿阶段可以用等速运动规律、等加速等减速运动规律、余弦加速度运动规律及正弦加速度运动规律。

④以内蒙古锡林郭勒盟宝昌牧机厂生产的 9KJ-1.4A 型捡拾压捆机捡拾装置为研究对象进行了仿真分析和改进设计，其结构参数为：滚筒半径 $a = 125\text{mm}$，曲柄长度 $l = 80\text{mm}$，弹齿长度 $l' = 178\text{mm}$，弹齿与曲柄夹角 $\gamma = 1.1\text{rad}$，滚子半径 $r = 17.5\text{mm}$，弹齿杆数 $z = 5$；匹配机组工作参数前进速度 $V_t = 5\text{km} \cdot \text{h}^{-1}$，滚筒转速 $n = 60\text{r} \cdot \text{min}^{-1}$ 时，其凸轮滑道廓线设计和工作参数匹配使弹齿运动过程中漏捡区面积较大且加速度值较大而有突变，弹齿插入物料进行捡拾时速度值也较大，对物料的打击作用较大，不能很好地完成捡拾作业。

⑤在 ADAMS 环境下用相对轨迹生成实体的方法，对弹齿滚筒式捡拾装置的凸轮机构进行了改进设计，给出了一种计算机辅助的凸轮设计方法，并求出了满足弹齿运动的摆角运动规律和一定结构参数下捡拾装置最优的工作参数匹配。经计算机仿真验证，改进设计后使加速度值有了很大程度降低，大大缓解了捡拾过程中滚轮对滑道的冲击力；捡拾物料时弹齿的速度有了一定程度的降低，改善了弹齿对牧草的打击作用；而且使漏捡区面积达到要求，从而满足机器使用要求。

Chapter five

第 5 章
弹齿滚筒式捡拾
装置试验研究

本研究主要针对两种捡拾装置参数进行试验，一种是原宝昌牧机厂生产的捡拾装置的结构参数和匹配的工作参数，另一种是对原宝昌牧机厂乘车的捡拾装置改进设计后凸轮轮廓和匹配的工作参数。主要测试两种情况下弹齿端部加速度的变化情况，并测试捡拾装置的捡拾遗漏率和功率消耗情况，检验改进设计结果。

5.1　弹齿滚筒式捡拾装置试验台

5.1.1　试验台结构和工作原理

试验台必须实现对弹齿滚筒式捡拾装置工作过程的模拟，试验台所用捡拾装置为原宝昌牧机厂生产的 9KJ-1.4A 型捡拾压捆机的捡拾装置。由于试验台安装在室内，所以，采用如下方案：捡拾装置只作相对于地面的旋转运动，而设计一草条车相对地面作直线运动，以模拟机器的前进运动，捡拾装置开始捡拾作业时，草条车从捡拾装置下面通过，捡拾装置进行捡拾作业。

捡拾装置和带式输送器固定安装在一台架上，而草条车可以在轨道上往返，草条车上安装模拟地面情况的塑料草，轨道两侧安装有限位弹簧，捡拾装置整体结构如图 5-1 所示。

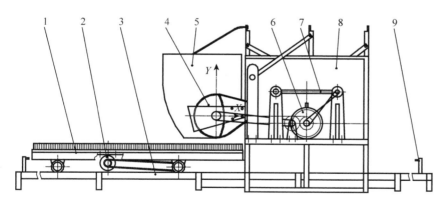

图 5-1　弹齿滚筒式捡拾装置试验台结构

1. 草条车　2. 草条车电机　3. 轨道　4. 捡拾器　5. 护板
6. 捡拾器电机　7. 带式输送器　8. 草箱　9. 弹簧

试验台的工作过程为：在一定幅宽内把牧草铺放在草条车上，当草条车上的电机转动时，带动草条车和牧草一起运动，捡拾滚筒驱动电机使捡拾装置转动。当草条车运动到捡拾装置下方时，捡拾弹齿从捡拾装置护板内伸出并捡拾牧草，捡拾的牧草随弹齿的运转继续上升，最后弹齿把牧草推送到带式输送器上，与此同时，弹齿收缩进护板内，完成了对牧草的捡拾、升运和输送等功能。整个工作过程和弹齿滚筒式捡拾装置工作原理相同。

5.1.2 试验台传动和控制系统

试验台运动部件包括两部分：捡拾装置与带式输送器组成一部分，另一部分是草条车。

捡拾装置传动路线如图5-2所示，捡拾装置电机通过皮带传动和齿轮传动将动力分别传递给带式输送器和中间轴，再通过链传动将中间轴上的动力传递给捡拾装置滚筒。捡拾装置电机由变频器控制。

另一控制草条车运动的电机安装在草条车底部，通过带传动带动草条车上的轮子旋转，草条车电机也由变频器控制，如图5-1所示。

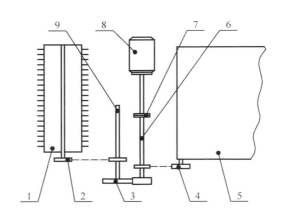

图5-2　试验台捡拾装置传动系统示意

1. 捡拾装置滚筒　2. 链传动　3. 齿轮传动　4. 皮带传动　5. 带式输送器　6. 主传动轴

7. 联轴器　8. 捡拾装置电机　9. 中间轴

5.2 弹齿端部加速度测试试验研究

5.2.1 试验内容

试验内容主要是针对原捡拾装置结构参数和工作参数以及改进设计后的参数匹配关系和凸轮廓线形状进行试验。主要测试两种情况下弹齿端部加速度的变化情况，检验改进设计后捡拾装置的工作结果。

5.2.2 试验仪器

试验采用的仪器见表 5-1。

表 5-1　加速度测试使用的仪器及设备一览表

仪器的测试项目/ 设备的用途	测试仪器/设备	生产厂家	仪器的测量精度/ 设备的额定参数	仪器的测量范围/ 设备的工作范围
测试无线加速度	Model 52 型微型无线加速度传感器	美国	$0.3618mV \cdot g^{-1}$	$\pm 200g$
数据采集	SG106 型无线电压传感器节点	北京必创科技有限公司		
数据接收	BS901 型 USB 无线网关	北京必创科技有限公司		

（1）加速度传感器

弹齿端部加速度的测试采用美国生产的 Model 52 微型无线加速度传感器。此微型无线加速度传感器尺寸小巧，传感器重约 0.5g，附加重量也极小，测试精度高，最大外形尺寸 9.7mm，如图 5-3 所示。

（2）数据采集与接受系统

采用北京必创科技有限公司的 SG106 无线电压传感器节点。该系统采用802.15.4 协议，可以组织形成星型、线型和网状等多种拓扑结构。节点结构紧凑，体积小巧，由电源模块、采集处理模块、无线收发模块组成，封装在 Ryton PPS 塑料外壳内。节点通道内置有独立放大调理电路，兼容各种类型的桥路传感器。采集的数据既可以实时无线传输至计算机，也可以存储在节点内置的 1GB 数据存储器

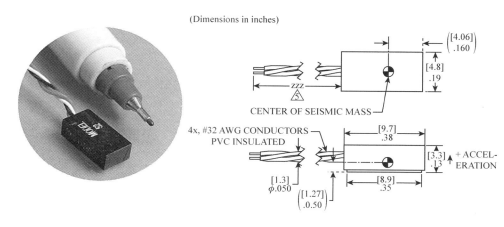

图 5-3　Model 52 型微型无线加速度传感器外观和外型尺寸

中，保证了采集数据的准确性。节点的空中传输速率可以达到 250kBPS，有效室外通讯距离可达 100m。节点设计有专门的电源管理软硬件，使用内置的可充电电源。采用北京必创科技有限公司的 BS901 无线网关。

5.2.3　试验方法

　　将 Model 52 微型无线加速度传感器安装在弹齿端部，必创科技有限公司 SG106 型无线加速度节点安装在凸轮盘内侧，传感器与节点之间用全桥方式接线连接，将数据线固定好，以免在滚筒作旋转运动时缠绕，如图 5-4 所示。无线网关安装在笔记本电脑上，可以实时接收加速度传感器的信号，接收后的信号采用 BeeData 数据处理软件进行分析。测试系统框图如图 5-5 所示。

图 5-4　无线加速度传感器及节点
的安装位置

1. 无线加速度传感器　2. 无线加速度节点

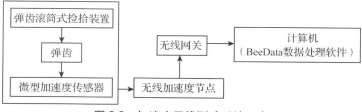

图 5-5　加速度无线测试系统示意

5.2.4 试验测试及结果分析

弹齿滚筒式捡拾装置工作时的机器前进速度一般为 $4 \sim 8 \mathrm{km \cdot h^{-1}}$，而弹齿端点的线速度应为机器前进速度的 $1.4 \sim 2.4$ 倍才能正常捡拾，且弹齿端部的绝对速度除空行段外不得超过 $3 \mathrm{m \cdot s^{-1}}$。由第四章分析知，试验台弹齿滚筒式捡拾装置凸轮改进设计前弹齿端部最大回转半径 $R'_{max} = 350 \mathrm{mm}$，凸轮改进设计后弹齿端部最大回转半径 $R'_{max} = 348 \mathrm{mm}$，按弹齿端部最大回转半径计算滚筒回转速度。即按式（5-1）计算捡拾装置滚筒转速范围，得出结果见表 5-2。

$$n = \frac{60 V_t}{2\pi R'} \tag{5-1}$$

表 5-2   试验室捡拾装置滚筒回转速度范围

机器前进速度 $V_t/\mathrm{km \cdot h^{-1}}$	滚筒转速 $n/\mathrm{r \cdot min^{-1}}$	
	最小值	最大值
4	42	
5	53	
6	64	82
7	74	
8	—	

根据以上计算和计算机仿真优化结果，试验选取滚筒转速分别为 $48 \mathrm{r \cdot min^{-1}}$、$64 \mathrm{r \cdot min^{-1}}$、$74 \mathrm{r \cdot min^{-1}}$ 和 $84 \mathrm{r \cdot min^{-1}}$ 4 种转速进行试验。

5.2.4.1   凸轮优化前后弹齿端部的加速度信号分析

调试试验仪器和捡拾装置试验台，采样率为 500sps（samples per second），即每秒采样 500 个符号点，采样时间持续 10s，每一种转速下，试验重复 3 次并求取其平均值，优化凸轮前后弹齿端部的加速度响应如图 5-6 ～ 图 5-9。

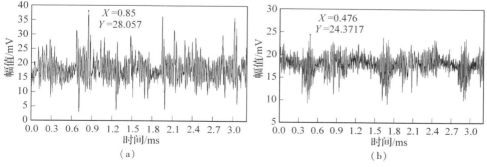

图 5-6   滚筒转速 $n = 48 \mathrm{r \cdot min^{-1}}$ 时弹齿端部加速度响应

（a）改进前   （b）改进后

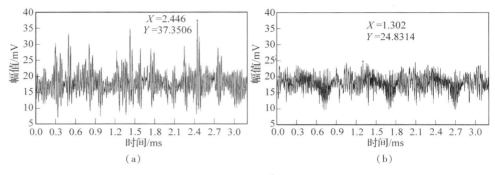

图 5-7 滚筒转速 $n = 64\mathrm{r} \cdot \mathrm{min}^{-1}$ 时弹齿端部加速度响应

（a）改进前 （b）改进后

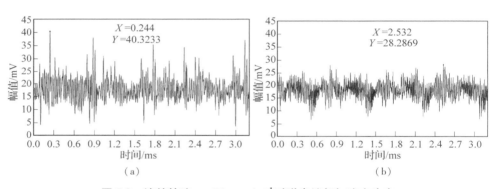

图 5-8 滚筒转速 $n = 74\mathrm{r} \cdot \mathrm{min}^{-1}$ 时弹齿端部加速度响应

（a）改进前 （b）改进后

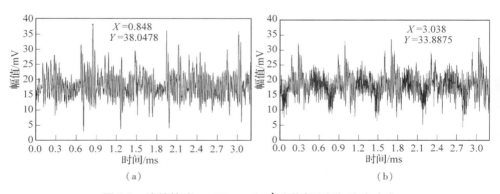

图 5-9 滚筒转速 $n = 84\mathrm{r} \cdot \mathrm{min}^{-1}$ 时弹齿端部加速度响应

（a）改进前 （b）改进后

图 5-6 ～图 5-9 是滚筒转速分别为 $n = 48$、64、74、84r · min^{-1} 时，凸轮改进前后的弹齿端部加速度响应情况，表 5-3 为改进前后弹齿端部最大加速度值的比较。

由测试结果可以看出，在捡拾装置结构参数一定的情况下，一般滚筒转速越大，则弹齿端部加速度值也越大，捡拾装置功率消耗也大，这样滚子与凸轮滑道之间的作用力也越大。所以在满足漏捡区要求和捡拾压捆机生产率的情况下，应选择较小的滚筒转速，测试结果与前述计算机仿真结果一致。

由图中还可以看出，在同一滚筒转速下，优化凸轮后的加速度响应值明显减小，且较平稳，没有大的加速度突变。说明优化后的凸轮滑道廓线更趋于合理。

表 5-3   改进前后弹齿端部最大加速度值

滚筒转速 n/r · min^{-1}	弹齿端部最大加速度幅值/mV	
	改进前	改进后
48	28.057	24.7548
64	37.3506	24.8314
74	40.3233	28.2969
84	38.0478	33.8875

5.2.4.2   凸轮优化前后弹齿端部加速度信号的自谱分析

应用 Labveiw 软件，求取改进前后加速度信号的自谱，如图 5-10 ～图 5-13 所示，表 5-4 为改进前后自谱最大值的比较。

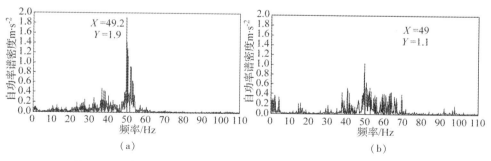

（a）   （b）

图 5-10   滚筒转速 $n = 48$r · min^{-1} 时弹齿端部加速度信号的自谱

（a）改进前   （b）改进后

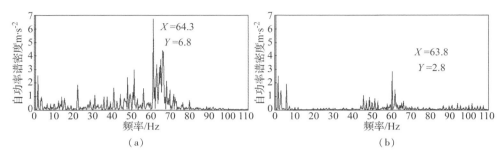

图 5-11 滚筒转速 $n = 64\text{r} \cdot \text{min}^{-1}$ 时弹齿端部加速度信号的自谱

（a）改进前 （b）改进后

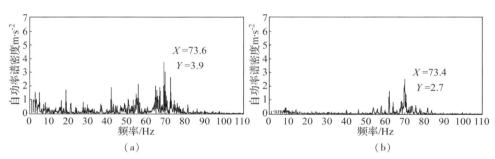

图 5-12 滚筒转速 $n = 74\text{r} \cdot \text{min}^{-1}$ 时弹齿端部加速度信号的自谱

（a）改进前 （b）改进后

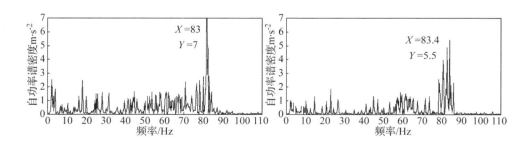

图 5-13 滚筒转速 $n = 84\text{r} \cdot \text{min}^{-1}$ 时弹齿端部加速度信号的自谱

表5-4　改进前后弹齿端部加速度信号的自谱最大值

滚筒转速 $n/r \cdot min^{-1}$	弹齿端部加速度自谱的最大值/g	
	改进前	改进后
48	1.9	1.1
64	6.8	2.8
74	3.9	2.7
84	7	5.5

由图5-10~图5-13可以看出，弹齿端部加速度响应自谱频率的主峰频率即为弹齿端部加速度响应的基频，弹齿端部加速度信号的基频是滚筒的转动频率；且当滚筒转速越高时，其加速度信号的自谱值越大；对比同一滚筒转速下凸轮改进前后的自谱，可以看到，在捡拾装置的较高频率成分，即弹齿端部的频率成分，其自谱值在改进后也明显降低，在滚筒转速的各个速度上，改进后的弹齿端部自谱信号值均较小，这表明改进凸轮后弹齿端部加速度值明显降低。

5.2.4.3　捡拾损失率和功率消耗情况试验研究

（1）捡拾损失率和功率消耗的计算

根据牧草捡拾装置技术条件，在物料留茬高度是5~15cm，且地面平坦的情况下，捡拾装置的捡拾损失率应不大于1%（长度小于70mm的碎草不统计在内）。捡拾损失率是指捡拾装置漏捡物料的重量占测定地段全长上物料重量的百分比。

$$S_j = \frac{W_j}{10^3 \cdot L \cdot P_t} \times 100\% \qquad (5\text{-}2)$$

式中　S_j——捡拾损失率，%；

　　　W_j——捡拾装置漏拾牧草重量，g；

　　　L——测定长度，m；

　　　P_t——每米草条重量，kg。

捡拾装置的功率消耗在测得扭矩和转速后按式（5-3）计算：

$$N = \frac{M \cdot n_1}{9550} \qquad (5\text{-}3)$$

式中　N——功率，kW；

　　　M——工作部件主传动轴扭矩，N·m；

　　　n_1——工作部件主传动轴转速，r·min^{-1}。

（2）测试仪器和测试方法

试验采用的仪器及设备见表5-5。

表 5-5　捡拾损失率和功率消耗测试使用的仪器及设备一览表

仪器的测试项目/设备的用途	测试仪器/设备	生产厂家	仪器的测量精度/设备的额定参数	仪器的测量范围/设备的工作范围
捡拾装置转速、扭矩、功率	JN338 型智能数字式转矩转速传感器	北京三晶创业科技集团有限公司	扭矩不准确度：0.1%~0.5% F·S	转矩量程：500N·m，转速量程：4000r·min^{-1}
捡拾装置转速	非接触式手持数字转速表	台湾	1 r·min^{-1}	0~9999 r·min^{-1}
物料质量	TGT-100 型磅秤	天津衡器厂	0.05kg	0~100kg
物料质量	BT223S 型电子天平	赛多利期科学仪器（北京）有限公司	0.001g	0~200g
干燥物料	电热恒温鼓风干燥箱	华南理工大学科技实业总厂	1℃	
改变电机转速	VARISPEED-616G5 变频器	安川电机株式会社		0~22kW
捡拾装置动力	Jo2-22-4 和 Jo2-41-4 三相异步电机	包头东河电机厂	额定电流 3.4A、8.4A 额定线电压 380V 额定功率 1.5kW、4kW	

由于紫花苜蓿的营养价值高，在我国的种植面积较大，且其叶片具有极高的营养价值，很容易在捡拾作业中受击打而脱落造成损失，故试验物料选用含水率适当的紫花苜蓿，使含水率控制在17%~25%之间。

试验过程中，含水率控制方法为：先割取新鲜紫花苜蓿，再经晾晒后测定含水率，测定时提取样本，采用干燥箱将其完全烘干，称量烘干前后的质量，即可计算出含水率。实测试验所用紫花苜蓿含水率为24%。

捡拾装置的功率消耗采用北京三晶创业科技有限公司的 JN338 型转矩转速传感器测量，本传感器为通用型传感器，适合于动力设备与负载之间有足够的距离，同时动力设备、负载是一个相对独立的旋转动力系统，需用联轴器将传感器安装于动力设备与负载之间。配套使用 JN338 型智能数字式转矩转速测量仪表进行数据采集，测试框图如图5-14所示。

变频器 → 电机 → 转矩转速传感器 → 转矩转速测量仪 → 计算机

图 5-14　功率测试系统示意

将 JN338 型转矩转速传感器安装在电机输出轴端，中间用联轴器相连，安装 JN338 型转矩转速传感器的方法如下：

①测量传感器的轴径和中心高。

②使用两组联轴器，将传感器安装在驱动电机与负载之间。

③分别调整驱动电机、负载、传感器的中心高度和同轴度，要求小于 0.05mm，否则可能造成测量误差及传感器的损坏。然后将其固定，并紧固可靠，不允许有松动。

④安装底台面应有足够强度，以保证安装的稳定性，避免造成过大的震动，否则可能造成测量数据不稳定，影响测量精度。

⑤联轴器应紧靠传感器两端的轴肩安装。

⑥传感器不论采用水平或垂直安装装置方法，传感器均不允许承受过大的轴向力、弯矩，否则影响传感器的使用，甚至造成传感器的损坏。

安装后的位置如图 5-15 所示。

图 5-15　扭矩传感器安装位置

5.2.5　试验结果分析

5.2.5.1　试验室原捡拾装置参数下的测试结果与分析

使用弹齿滚筒式捡拾装置的捡拾压捆机的前进速度范围为 $4 \sim 8\text{km} \cdot \text{h}^{-1}$，标定变频器与草条车前进速度之间的关系，按捡拾压捆机常用前进速度选择 $5\text{km} \cdot \text{h}^{-1}$ 和 $6\text{km} \cdot \text{h}^{-1}$ 进行试验，并匹配不同的捡拾装置滚筒转速。根据草条车实际长度，草条测定长度为 2m，铺设草条重量为 $3 \ \text{kg} \cdot \text{m}^{-1}$。试验结果见表 5-6。

表 5-6　原机参数下的捡拾损失率和功率消耗情况

机器前进速度 V_t/km·h^{-1}	滚筒转速 n/r·min^{-1}	λ 值	损失率 /%	空载功率消耗 /W	负载功率消耗 /W
5	48	0.94～1.27	1.27	312	353
	60	1.25～1.69	1.10	349	363
	88	1.72～2.32	0.68	503	585
	100	1.96～2.64	0.62	544	705
	112	2.19～2.95	0.50	620	801
6	60	0.98～1.32	1.17	349	415
	72	1.17～1.58	0.82	434	491
	101	1.65～2.22	0.84	601	734
	116	1.89～2.55	0.68	676	783
	130	2.12～2.85	0.46	816	981

由表 5-6 可以看出，原捡拾装置参数在匹配机器前进速度 $V_t = 5\text{km·h}^{-1}$，滚筒转速 $n = 60 \text{ r·min}^{-1}$ 时，捡拾损失率较高，不能满足使用要求，试验结果与计算机仿真结果一致。

表 5-7　改进设计后的捡拾损失率和功率消耗情况

机器前进速度 V_t/km·h^{-1}	滚筒转速 n/r·min^{-1}	λ 值	损失率 /%	空载功率消耗 /W	负载功率消耗 /W
5	48	0.96～1.26	1.08	304	345
	64	1.27～1.66	0.60	378	388
	88	1.76～2.31	0.56	494	576
	100	2～2.62	0.44	570	730
	112	2.24～2.93	0.38	586	768
6	60	1～1.31	1.02	374	430
	72	1.2～1.57	0.76	456	512
	101	1.68～2.2	0.48	571	704
	116	1.93～2.53	0.40	732	840
	130	2.17～2.84	0.44	790	955

由表 5-7 还可以看出，当草条车前进速度一定时，滚筒转速越高，λ 值越大，其弹齿位移轨迹的漏捡区越小，但随着滚筒转速的提高，损失率的变化并不明显，但功率消耗却增加很大。所以在满足损失率要求的情况下，当捡拾压捆机的前进速度 V_t 一定时，在满足漏检率的条件下，应选择较小的滚筒转速 n，以降低捡拾压捆

机功率消耗。

5.2.5.2 改进设计后的捡拾装置测试结果与分析

同样按常用捡拾压捆机的工作速度设定草条车前进速度，即机器前进速度为 $5km \cdot h^{-1}$ 和 $6km \cdot h^{-1}$，匹配不同的滚筒转速进行试验。

由表 5-6 和表 5-7 可以看出，改进设计前后捡拾装置的功率消耗基本相同，变化不大；随着滚筒转速的增加，λ 值呈上升趋势，且功率消耗增加，当 λ 值小于 1.27 时，捡拾损失率较大，通过观察可发现时有带草现象发生，不能满足使用要求；当 λ 值大于 1.27 时，捡拾损失率趋于平稳。改进设计凸轮滑道廓线并匹配工作参数：机器前进速度 $V_t = 5km \cdot h^{-1}$ 和滚筒转速 $n = 64 \ r \cdot min^{-1}$ 后，相比原机凸轮滑道廓线形状和工作参数：机器前进速度 $V_t = 5km \cdot h^{-1}$ 和滚筒转速 $n = 60 \ r \cdot min^{-1}$，捡拾损失率有了较大减小，且功率消耗与原捡拾装置基本相同，能够满足使用要求。由此可知，试验结果和仿真分析结果一致。

Chapter six | 第 6 章
基于高速摄像技术
捡拾装置捡拾过程
分析

弹齿滚筒式捡拾装置捡拾作业时，弹齿相对于物料的运动速度快，凭人的肉眼很难观察其运动规律。因此，为了研究在捡拾作业中弹齿的运动状况以及弹齿相对于物料的运动规律，本研究借助高速摄像技术对捡拾过程进行在线拍摄，通过对拍摄像片进行处理与分析，确定弹齿的运动轨迹、运动速度和运动加速度情况，并进一步检测改进设计前后捡拾装置的工作状况。

6.1 试验方案

6.1.1 试验设备及软件

6.1.1.1 图像采集系统

高速摄像采用美国 Vision Research 公司制造的 Phantom Miro2 高速数字摄像机，分辨率 640×480 像素，满幅最高拍摄速率为 1000 张/s。测试系统如图 6-1 所示。

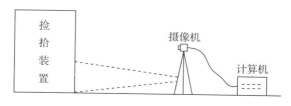

图 6-1 图像采集测试系统

拍摄前，在计算机上安装 Phantom 控制软件，以便在拍摄时控制摄像机的拍摄。安装流程如下：

①在计算机上安装 Phantom 软件；

②将高速摄像机固定在三脚架上，连接供电线缆及以太网线数据线缆；

③安装镜头；

④设置网络 IP 地址。将 IP 地址设置为 100.100.100.1，子网掩码设置为 255.255.0.0，其他均为空白；

⑤高速摄像机通电，打开 Phantom 软件，在计算机检测到一个新的相机设备时会提示将该相机的 STG 标定文件导入到计算机的 Phantom 软件安装目录中；

⑥在软件中设置相应的参数，高速摄像机对焦，准备拍摄。拍摄时在软件中发

出 Capture 指令即开始记录图像，之后选 OK 进入图像浏览界面，分别用 Mark In 和 Mark Out 设置需要保存图像的起始位置，点击 Save 按钮保存。保存的文件可以进行正反方向不同速度的回放。

图像采集时，要在采集软件中设置触发方式、拍摄频率和分辨率等几项参数。由于启动捡拾装置的时间与按高速摄像机采集键的时间很难保持一致，所以需注意设置触发点之前图像的幅数。这样按下采集键前后一段时间的数据都能记录下来。选择拍摄频率 1000 张/s，分辨率 640×480 像素。

6.1.1.2 设置编码标志

为了测量捡拾过程中弹齿的运动，需要有用于目标的识别和追踪的编码标志。这个标志可以跟踪被测物体上现成的图案或文字，图案或文字需轮廓清晰、易于捕捉。如果所测的位置没有适合的图案，就需要人工贴上易于识别的编码标志。编码标志必须具有下面几个特征：编码的信息是唯一的，标志经旋转或缩放其轮廓不变，编码标志能在随机的背景中不被淹没，其中心位置易于确定。

本试验主要是跟踪弹齿的运动，因为弹齿端部是作用于物料的最低点，所以在弹齿端部贴上编码标志。编码标志需要和所拍摄图像有较鲜明的对比，因试验台捡拾装置为红色，考虑到背景的颜色，在弹齿端部贴白色标志，如图 6-2 所示。

图 6-2　弹齿端部的编码标志　　　　图 6-3　标尺的设置

6.1.1.3 设置标尺

为了处理拍摄图像时有一确切的尺寸参照，拍摄前需要设置合适的标尺。拍摄图片中的长度单位是像素，采集图像前，需要在拍摄区域设置一个已知尺寸的图案作为单位换算的标尺，标尺的尺寸越大精度越高。本试验中，在捡拾装置凸轮盘支架上贴上黑白相间的方格标尺，如图 6-3 所示。每一方格实际尺寸为 20mm × 20mm。

6.1.2　试验方法

为了分析捡拾装置的捡拾过程和捡拾装置弹齿与物料的相对运动情况，试验时采用高速摄像机在线跟踪拍摄，然后对拍摄图像慢速回放以再仔细观察和分析。

因所有弹齿沿空间弹齿轴均匀布置，所以只考虑弹齿在二维平面即 XY 平面的变化即可，弹齿在每一时刻的位置，以 X 和 Y 方向的值来表征，从而可得到弹齿端部在各个时刻的位置和运动轨迹，经过进一步分析可得到弹齿端部的速度和加速度变化规律。

6.2　捡拾过程的高速摄像分析

6.2.1　图像采集软件设置与处理

本试验采用瑞典 Image Systems AB 公司提供的 TEMA 高速运动分析软件来进行数据分析。其分析的主要过程为：打开图像、设置参数、设置坐标系和比例尺、对图像进行剪辑、选取跟踪点跟踪和对图像进行数据分析，图像分析流程如图 6-4 所示。

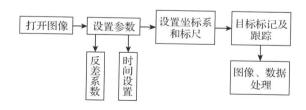

图 6-4　图像分析过程

用 TEMA 软件处理数据的过程如下：

①启动 TEMA，使用 File 菜单下的 New Camera View 命令读入 Phantom 采集的图像文件 *.cine。

②使用 View 菜单下的 Image Enhancement 命令调整读入图像的色彩，直至对比

图 6-5　对参考坐标系的设置

度清晰，亮度比例适当。

③设定参考坐标。在捡拾装置旋转中心轴位置添加特征点 point1，并在标尺 20mm 线上添加另外两特征点 point2 和 point3。使用 Edit 菜单下的 Scaling/Coordinate Systems 命令设置坐标系，选择 Coordinate System 选项，添加坐标系，使用移动命令 Translation，将坐标原点移至 point1，另选择 point2 和 point3 两点连线为 X 轴正向，则 Y 轴正向自动生成，垂直于 X 轴。设置界面如图 6-5 所示。

④设置缩放比例。图像以像素为单位，与物体的实际尺寸需要建立联系。标尺一格的距离为 20mm，需将物体实际尺寸与图像中的像素单位联系，以进行合适的比例缩放。使用 Edit 菜单下的 Scaling/Coordinate Systems 命令设置，选择 2D Scaling 选项，选取静态坐标选项 Static，将 point2 和 point3 之间的距离设定为 20mm。

⑤对录像进行剪辑。使用图像播放工具对图像反复进行回放，选择需要的图像时段，利用 Time Properties 工具，设置录像的开始时间 User defined start time 和录像结束时间 User defined end time，将需要的图像时段截取下来。

⑥设置跟踪点。在弹齿端部的编码标志位置添加点 point4，用 Point Setup 命令调整点的位置及点的类型。

⑦选择跟踪点进行自动跟踪。使用自动跟踪命令 start tracking 对选定点 point4 进行跟踪。

⑧选择数据分析类型，输出数据。使用 Diagram 菜单下的新建命令，建立需要的数据分析表窗口，并建立报表，编辑数据分析表属性，跟踪点的位移、速度和加速度值即以图像形式显示出来，编辑报表属性，通过报表的输出命令 Export file 可将数据保存为 Excel 格式，最后保存文件和输出数据。

6.2.2　弹齿与物料相对运动过程分析

试验用捡拾装置与前述相同，为原宝昌牧机厂生产的捡拾装置。根据捡拾装置试验台的结构和工作过程可知，当弹齿回缩到护板内即被护板遮挡，所以图像只能观测到弹齿从护板缝隙间伸出至回缩进护板内这一段的情况，不能监测空行段。将弹齿从护板缝隙间伸出时刻设为零时刻，进行图像分析。

6.2.2.1 改进设计前的运动过程分析

安装原机的凸轮盘，匹配工作参数为：机器前进速度 $V_t = 5\text{km} \cdot \text{h}^{-1}$，滚筒回转速度 $n = 60 \text{ r} \cdot \text{min}^{-1}$，利用高速摄像机进行跟踪拍摄。通过高速摄像慢放可见：当弹齿运动到捡拾滚筒下方时，其端部从滚筒护板的缝隙间伸出，弹齿逐渐接近于径向，将草条车上的物料捡拾起来；随着弹齿的转动将物料逐渐提升至捡拾滚筒上方，升举段运动较平稳；随着滚筒的转动，弹齿相对于半径线有较大的后倾，将物料推向输送器的正下方，进而弹齿端部与固定部分的相对速度减小，方向转而向下，并回缩到滚筒护板内侧，牧草与弹齿很好脱离，没有带草现象发生。如图 6-6 所示。

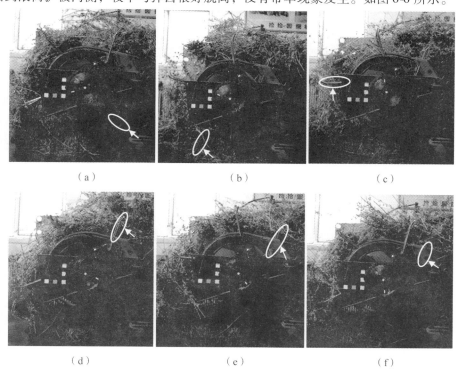

（a）　　　　　　（b）　　　　　　（c）

（d）　　　　　　（e）　　　　　　（f）

图 6-6　改进前弹齿与物料的相对运动状态

（a）弹齿从护板伸出　（b）弹齿长度接近于径向　（c）弹齿捡拾物料　（d）弹齿后倾，推送物料　（e）弹齿回缩　（f）弹齿与牧草脱离

由以上分析可知，弹齿滚筒式捡拾装置原机结构参数下弹齿的运动基本能够满足使用要求，能够把物料捡拾得比较干净，漏捡率符合要求。

6.2.2.2 改进设计后的运动过程分析

在捡拾装置试验台上安装改进设计后的凸轮盘，匹配改进后的工作参数：机器前进速度 $V_t = 5\text{km} \cdot \text{h}^{-1}$，滚筒回转速度 $n = 64\ \text{r} \cdot \text{min}^{-1}$，重复以上过程。通过高速摄像慢放可见，改进设计后的弹齿运动与改进前的弹齿运动相似，弹齿能够很好完成放齿、捡拾、提升物料、输送物料和收齿等几个动作，改进设计后的凸轮廓线形状符合捡拾装置捡拾物料的运动要求，整个动作过程如图6-7所示。

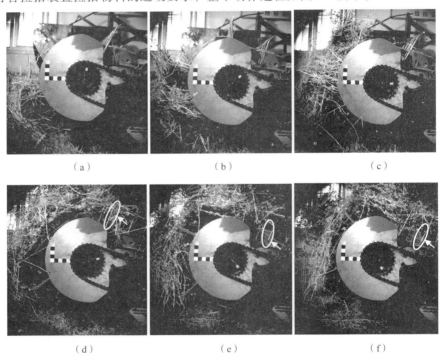

（a）　　　　　　　　　（b）　　　　　　　　　（c）

（d）　　　　　　　　　（e）　　　　　　　　　（f）

图6-7　改进凸轮后弹齿与物料的相对运动状态
（a）弹齿从护板伸出　（b）弹齿长度接近于径向　（c）弹齿捡拾物料　（d）弹齿后倾，推送物料　（e）弹齿回缩　（f）弹齿与牧草脱离

（1）滚筒转速对弹齿端部运动的影响

设置滚筒转速分别为 $48\ \text{r} \cdot \text{min}^{-1}$ 和 $60\ \text{r} \cdot \text{min}^{-1}$，用高速摄像机跟踪拍摄，对拍摄图像中的弹齿端部点进行自动跟踪，对数据进行处理，得出在不同滚筒转速下，弹齿端部速度和加速度随时间的变化情况。如图6-8和图6-9所示。

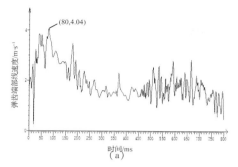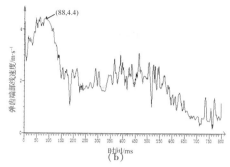

图 6-8　不同滚筒转速时弹齿端部线速度随时间的变化曲线
（a）$n = 48\ \text{r} \cdot \text{min}^{-1}$　（b）$n = 64\ \text{r} \cdot \text{min}^{-1}$

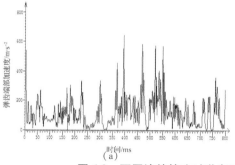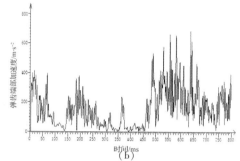

图 6-9　不同滚筒转速时弹齿端部线加速度随时间的变化曲线
（a）$n = 48\text{r} \cdot \text{min}^{-1}$　（b）$n = 64\ \text{r} \cdot \text{min}^{-1}$

　　高速摄像采集的数据曲线不够平滑，是由于跟踪标志点时存在误差，但数据曲线仍能清晰反映弹齿端部的运动趋势和状态。由图 6-8 和图 6-9 可以看出，滚筒转速越大，则弹齿端部的速度和加速度值越大，但整体变化趋势不变，此分析结果与计算机仿真分析结果一致。

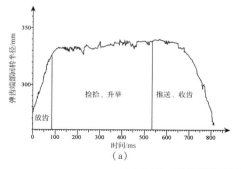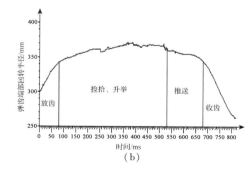

图 6-10　弹齿端部回转半径随时间的变化曲线
（a）改进前　（b）改进后

（2）改进设计凸轮前后的运动过程分析

按照改进设计结果设置滚筒转速 $n = 64$ r·min^{-1}，分别拍摄改进凸轮前后的运动情况，对弹齿端部进行自动跟踪，得到弹齿端部的回转半径的变化情况，同时也得出弹齿端部速度和加速度随时间的变化规律。如图 6-11~图 6-14 所示。

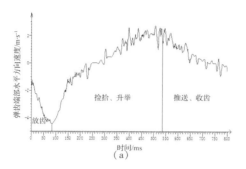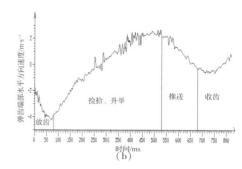

图 6-11　弹齿端部水平分速度随时间的变化曲线

（a）改进前　（b）改进后

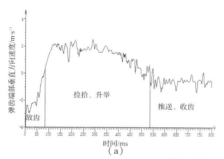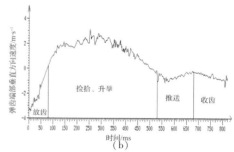

图 6-12　弹齿端部垂直分速度随时间的变化曲线

（a）改进前　（b）改进后

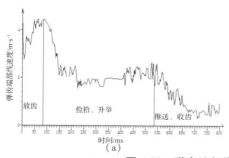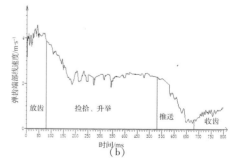

图 6-13　弹齿端部线速度随时间的变化曲线

（a）改进前　（b）改进后

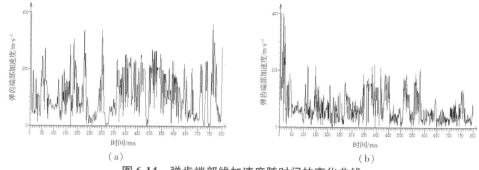

图 6-14　弹齿端部线加速度随时间的变化曲线
(a)改进前　(b)改进后

由图 6-6 和图 6-7 可以看出，弹齿滚筒式捡拾装置改进前后弹齿端部的运动规律相似：首先弹齿伸出，此阶段弹齿放齿，随着滚筒旋转，弹齿端部回转半径逐渐增大，当将草推向输送器后，捡拾输送任务完成，弹齿回缩，端部回转半径逐渐减小。改进前后弹齿的运动均符合运动规律的要求。

由图 6-11～图 6-13 可以看出弹齿的速度变化情况，可见，改进后弹齿在捡拾物料阶段速度值比改进前有所降低，这使得对物料的打击力减小，从而降低破碎损失，改进后进入收齿阶段时弹齿的水平分速度接近于零，且垂直速度向下，不拖挂物料，改进前的收齿拐点位置在图中不明显。

由图 6-14 还可得到，在同一滚筒转速下，改进设计凸轮廓线后的弹齿端部加速度值有较大幅度的降低，说明改进设计后的凸轮运动规律不但合理，满足使用要求，而且使加速度值较小，能减小滚轮和凸轮滑道之间的相互作用力，降低功率消耗。

本研究针对改进设计前后的弹齿滚筒式捡拾装置进行了试验室测试研究。主要测试捡拾装置的运行状况和弹齿端部的运动特性，做了如下几方面的工作。

①设计制作了弹齿滚筒式捡拾装置试验台，试验台工作过程与捡拾装置工作原理相同，采取了捡拾装置只做旋转运动，而用一草条车的前进运动模拟机器的前进运动的方案。

②采用微型无线加速度传感器测试了弹齿端部的加速度。结果表明：改进设计后的弹齿端部加速度值明显减小，且加速度值无突变，改善了弹齿滚筒式捡拾装置的工作性能，加速度测试分析结果与仿真分析结果一致。

③对改进设计前后的弹齿滚筒式捡拾装置进行了捡拾损失率和功率消耗测试分析。结果表明：改进设计后的捡拾损失率有了较大减小，且功率消耗与改进前基本相同，说明改进设计后的参数更趋于合理。

④用高速摄像方法分析了捡拾装置捡拾作业过程，分析结果表明：改进后的捡拾装置弹齿运动包括放齿、捡拾、升运、推送和收齿等阶段，运动规律满足使用要求，速度变化合理，且弹齿的加速度值大大降低。

⑤弹齿端部加速度测试结果、捡拾损失率和功率消耗测试结果以及高速摄像分析结果均与计算机仿真结果一致，说明通过计算机仿真分析弹齿滚筒式捡拾装置是可靠且有效的。

Chapter seven

第 7 章
螺旋输送研究现状

7.1   螺旋输送装置的基本类型

螺旋输送机有 3 种基本的机型：水平式螺旋输送机（即 LS 型螺旋输送机）、垂直式螺旋输送机（即 LC 型螺旋输送机）以及倾斜式螺旋输送机。

7.1.1   水平螺旋输送机

水平螺旋输送机的工作原理是：当驱动螺旋输送机主轴开始转动，从进料口装入物料，物料受到 3 种力的作用，分别是叶片的径向力、法向推力和叶片对物料的摩擦力，由于物料受到的重力与叶片对物料的径向力会产生平衡，所以物料不是全部都沿着叶片的径向运动，而是在叶片法向推力的轴向分力作用下沿着料槽轴向移动，从而实现物料的输送。

7.1.2   垂直螺旋输送机

垂直螺旋输送机的工作原理是：当物料从下端进料口进入后，受到主轴高速转动的离心力作用，向机筒内壁不断移动，当不断加入物料时，在筒体内形成绕螺旋轴的若干同心圆层，这些物料之间的内摩擦力使其成为一个整体，这个物料体由于在离心作用下压向筒体内壁，从而产生较大的摩擦力，摩擦力的作用使得物料减速，与螺旋体产生相对运动，沿着自身的轨迹向上运动，由于有物料的内摩擦力作用，物料群一起向上运动。

7.1.3   倾斜螺旋输送机

倾斜式螺旋输送机即螺旋轴与水平面具有一定倾角的螺旋输送机，其中分为夹角 20°或者小于 20°的螺旋输送机，其工作原理同水平螺旋输送机，20°~ 90°的螺旋输送机，其工作原理同垂直螺旋输送机。

7.2 螺旋输送研究现状

7.2.1 螺旋输送装置

最早的螺旋输送装置是由古希腊学者 Archimedes 发明，该装置由空腔圆柱体内表面上固定螺旋叶片构成，通过转动圆柱筒实现输送功能，主要用于提水灌溉。

19 世纪 80 年代后期，在美国出现了带有光滑螺旋叶片的螺旋输送机，随后经过不断的改进，将螺旋输送装置用于工业、农业及化工等行业输送各种散状和固体物料。随着运输对象的不断变化，学者们逐渐研制出了一系列符合不同品种物料的螺旋输送机，使得螺旋输送机有了长足的发展。

20 世纪 60 年代，我国研制出了 GX 型螺旋输送装置(管式螺旋输送机)，主要用来输送粉状、粒状和小块状物料。其优点是节能、密封性好、维护方便、噪音小、适应性强；缺点是物料在输送过程中破损较严重，机件磨损快。

20 世纪 80 年代，国内学者对 GX 型螺旋输送机进行了进一步改进设计，并生产出了 LS 型螺旋输送机，即水平型螺旋输送机。该型螺旋输送机耐磨性强、安装方便、对物料的输送阻力小、可输送不同特性的物料。

后期学者们在 LS 型螺旋输送机的基础上逐步改进研制出了满足不同输送要求的多种系列产品。如 LSF 系列、LSS 系列、GLS 系列、LSY 系列、TLSS 系列、MLG型、YS 型和 WLS 型螺旋输送机。其中 LSF 系列螺旋输送机是在 LS 系列螺旋输送机的螺旋叶片上涂抹特殊材料以此提高叶片的耐磨性。LSS 系列是一种无轴螺旋输送机，其抗缠绕性强，因而适合输送松软、絮状的物料。GLS 型和 LSY 型螺旋输送机的安装方式灵活，能够在多种不同工作环境下完成输送作业。TLSS 系列螺旋输送装置适合输送无粘附性的粉状和颗粒状物料。MLG 管式螺旋输送装置是采用了国际标准管口，具有输送效率高、输送量大等优点。YS 型圆筒螺旋输送装置适合应用于物料密封性要求较高的输送上。WLS 型无轴螺旋输送装置是专门用来输送污泥、半流体等的一种机型。

另外，为了满足一些特殊用途，学者们陆续研发了新型螺旋输送机，如可弯曲式螺旋输送机，该类输送机可以按空间曲线布置输送路线；大倾角螺旋输送机，其倾角大于 20°小于 90°；由绕性弹簧作为主要构件的弹簧螺旋输送机；可移动式螺旋输送机，其自带行走机构，能实现整机的移动。

国外对农业纤维物料螺旋输送装置的研究主要集中在新型设备的研制及对其工作性能的试验方面。学者们根据农业纤维物料的特点，对传统螺旋输送装置的结构进行改造，设计了适合不同应用场合的新型螺旋装置，利用螺旋输送机理，实现对农业纤维物料的扶起、捡拾、输送、提升、挤压、混合及干燥等作用。

1954 年，美国的 Black-aawson 和 Pandia 公司首次成功使用了螺旋挤压喂料装置加工处理农业纤维物料。目前，螺旋结构广泛应用于秸秆类粗饲料的挤压机上，并且有单螺杆、双螺杆和三螺杆等多种结构。

发明家 Jim Simpton 首次以螺旋结构为核心部件研制出了甘蔗收割机，其中螺旋装置成功实现了对严重倒伏甘蔗的扶起作用。目前，无论是切段式甘蔗收割机还是整杆式甘蔗收割机，其扶起部件均使用螺旋结构。如巴西 CNH 和 Jhon Deere 两家公司生产的切段式甘蔗联合收割机以及 Jhon Deere 公司生产的整杆式甘蔗联合收割机的扶起装置均为螺旋结构。

将不同数量的螺旋结构采用多种不同方式组合成各种形式的混合机，如 TMR（Total Mixed Rotations）饲料混合机上常用的有立式螺旋、单螺旋、双螺旋、三螺旋及四螺旋等多种螺旋系统。除此之外，加拿大杰罗公司的单螺旋和双螺旋饲料搅拌车，法国库恩公司的单螺旋和双螺旋立式饲料搅拌车，荷兰 TRIOLIET 公司的 Solomix 2 VLH-B 型双螺旋立式饲料搅拌车、Triomix 1/Triomix S 自装卸式饲料搅拌车，德国 BVL 公司的 V-MIX Plus 6.5-18 型单螺旋饲料搅拌车、V-MIX 自装卸式饲料搅拌车及 V-MIX 型自走式饲料搅拌车均使用了螺旋输送装置作为核心部件。

国外螺旋输送装置被广泛应用于各种谷物和牧草联合收割机上，如德国 Geringhoff 公司生产的玉米摘穗割台和美国 John Deere 公司生产的自走式青贮收获机均使用螺旋输送装置实现秸秆的输送。

7.2.2 螺旋输送理论

国内外对农业纤维物料的螺旋输送方面的理论研究较少，主要集中在农业纤维物料螺旋输送过程的试验研究，分析螺旋输送装置结构参数和运动参数对物料输送性能、干燥和冷却效果等的影响以及物料在螺旋输送装置内的分布等方面。

土耳其学者 Ozgur Kaplan 和 Cenk Celik 对木屑在螺旋输送装置内的干燥过程进行试验研究，确定了最佳干燥工况。

吉林农业大学的王晓艳（2005）根据生物质的特性和生物质快速热裂解制取生物油技术的工艺要求，设计了生物质原料的螺旋给料机，试验证明，该装置能够均匀稳定地输送生物质原料，并具有良好的密封性，利用该装置实现了定量控制。

山东农业大学的赵毅彬（2006）对玉米揉切压捆青贮机上的螺旋输送器进行了理论分析，并将螺旋输送器横向布置在切碎滚筒的后方，完成立式滚刀切碎后的玉米秸秆送入抛送器的工作。

白小虎等（2007）研制了适合输送粉碎后秸秆物料的螺旋输送装置，试验研究了螺距、螺旋轴转速、物料的含水率和粒度对输送性能的影响规律。

中国农业大学的王庆杰等（2010）设计了螺旋刀型垄台清理装置。作业时该螺旋结构在切断垄台上秸秆根茬的同时，将切断的秸秆和根茬输送到垄沟内。

山东理工大学的石增武（2011）设计了在玉米茎秆切割铺放装置上使用的螺旋输送器。该装置将螺旋输送器固定在机架上，通过传动链带动左右螺旋叶片转动，从而使玉米茎秆沿轴向推运并聚拢到螺旋输送器的中部，最后，在茎秆刮板的作用下将秸秆从螺旋输送器底板的出料口排出。

东北农业大学的蒋恩臣等（2013）研制了带有变螺距螺旋输送器的生物质连续热解反应试验装置，主要对螺旋输送器相关参数进行了设计。该连续热解反应装置具有良好的密封性，并且输送顺畅，不容易产生堵塞，同时该装置对生物质原料具有较好的适应性。

中国农业大学的万其号等（2014）对自走式牧草青贮联合装袋机上的输送粉碎装置和螺旋挤压装置进行了改进设计。其中输送粉碎装置采用了双向螺旋结构，螺旋挤压装置采用了变螺距螺旋结构。

新疆农业大学的代其春（2014）对苜蓿压扁收割机的关键部件进行了设计。螺旋输送器将往复式切割器切断后的苜蓿集拢并输送至压扁胶辊。

螺旋输送装置除了能完成输送和喂料等作业工序之外，在输送过程中还能实现对物料的混合、搅拌等功能。石河子大学的谢凡（2014）设计了双轴卧式饲料搅拌混合机，其中核心部件是两根螺旋轴，将其水平布置，螺旋叶片对中设计，如图 7-1 所示。试验及仿真研究表明，该机构的混合均匀度好，对中长草不出现滑移现象，

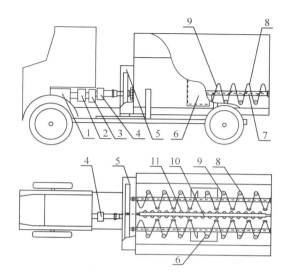

图 7-1　混合机

1. 发动机　2. 变速箱取力器　3. 液压泵　4. 液压马达　5. 齿轮箱　6. 出料门　7. 搅龙轴

8. 星型割刀　9. 螺旋叶片　10. 横梁　11. 定刀

并且能同时完成物料的剪切、揉搓、对流和扩散等功能。

　　华南农业大学的王明峰等(2015)在前人研究的基础上，提出了无轴螺旋式连续热解装置的概念。该装置是利用无轴螺旋输送装置作为核心部件，该结构有效地减轻了输送装置本身的重量，而且为热解挥发性产物的排出提供了有效空间。

　　东北林业大学的冯莉等(2015)以生物质燃料粉碎成型一体化和机械化为目标，对连接粉碎机和成型机的物料运输装置进行设计。根据物料的机械特性参数并结合经验公式确定了螺旋输送装置的主要参数，确保生物质燃料在粉碎机与成型机间的输送能实现自动化及机械化。

　　华南农业大学的宋春华等对两段式螺旋捡拾装置捡拾段的扶蔗过程进行理论分析，建立了甘蔗与螺旋滚筒接触点的运动方程、速度方程和甘蔗被扶起的运动条件。在此基础上，对螺旋输送段的甘蔗进行动力学分析，获得了满足甘蔗不跌落条件下，摩擦系数与输送段结构参数之间的表达式。

　　广西大学的沈中华等通过对甘蔗收获机进行理论分析，得到了机器前进速度与甘蔗种植密度、甘蔗植株高度及螺旋输送速度的关系。

图 7-2　整杆式甘蔗收割机

广西民族大学的李尚平等（2016）对甘蔗在螺旋提升装置内输送过程进行了理论分析，并对输送过程中的堵塞机理进行研究，结果表明，增大甘蔗所受摩擦力能有效地抑制堵塞。甘蔗收割机如图 7-2 所示。

7.2.3　相关研究

国外学者对螺旋输送装置的相关研究主要集中在结构参数的设计、虚拟仿真分析、输送性能试验及输送机理研究等方面。

国外研制的螺旋输送装置除了常规结构以外，还根据不同的应用场合设计了特种结构：锥形螺旋、锥形轴及变螺距螺旋和锥形轴变螺距螺旋等。除了以上提及的螺旋输送装置以外，把不同规格的水平螺旋输送机和垂直螺旋输送机组合起来形成一个卸船机系统。国外很早以前就开始对螺旋卸船机进行了研究，其中技术领先的公司有瑞典的 Siwertell 和 Carlsen 公司，意大利的 VAM 公司以及法国的 IBAV 公司，单机卸船能力能达到 $300 \sim 800t \cdot h^{-1}$ 以上，其中 Siwertell 公司研发的螺旋卸船机卸船能力达到了 $2400t \cdot h^{-1}$。

虚拟仿真分析方面，研究人员采用离散单元软件（DEM）对颗粒物料在螺旋输送装置内的运动情况进行模拟仿真，研究物料本身的特征参数以及输送装置的结构参数和运动参数对输送性能的影响等。

目前，国内外一些学者开始研究螺旋输送装置的输送机理，研究螺旋输送装置的输送机理常用的方法有：单质点法、流体力学法和物料群法。

采用单质点法来研究螺旋输送装置的输送机理的理论最早是由 Emhremidis、Vierling、Sinha 等学者们提出来的，是目前研究螺旋输送理论中运用最为广泛的一种方法。该方法是把螺旋叶片假设成一个斜面，该斜面由螺旋叶片的螺旋线展开得到。把被输送物料简化成斜面上的一个质点，通过研究该质点的运动状态和受力情况，给出了求解物料临界转速的计算方法，从而确定了螺旋输送装置的输送能力及输送功耗。实践证明，单质点法适用于螺旋输送装置在低填充率、低螺旋轴转速下运行时输送机理的研究。当螺旋轴的转速和充填率较高时，单质点理论因忽略物料在螺旋叶片纵向截面内的分布特性、物料之间的相互作用力及物料在机壳与螺旋叶片面上的压力分布特性，计算所得结果与实际相差较大。

针对高填充率高转速运行时，单质点法计算误差大的问题，Nilsson 和 Rademacher 提出了流体力学法，同时指出，采用该理论研究高填充率下螺旋输送装置的输送机理是可行的。他们把螺旋输送装置内的散体物料假设成理想流体，通过分析流体在输送过程中的运动情况，得出了物料在输送过程中的受力情况和运动轨迹。但是，散体物料和理想流体之间存在着本质的区别，理想流体是无黏流体，因此，将散体假设成理想流体进行分析，忽略了输送过程中螺旋轴旋转所产生的离心力和摩擦力，导致计算结果与实际不相符，所以，运用此方法分析螺旋输送机理仍有待进一步探讨。

无论采用单质点法还是流体力学的方法，分析螺旋输送机理时都存在相应的问题，因此 Hans Gabler 和 Bottcher 提出了物料群法的概念。物料群法是依据质量守恒定律总结出来的，也是分析螺旋输送理论较为常用的估算方法之一。该方法假设物料进入螺旋输送装置时的体积和输送出来时的体积不变。这个假设与实际的输送情况具有一定的差别。主要有两个原因：一是由于螺旋轴的旋转，使得螺旋输送装置内物料的堆积密度发生变化，根据质量守恒定律，物料的体积会发生变化；二是由于摩擦力的存在使物料的实际前移速度与理论速度产生一定的差异，导致物料产生轴向移动滞后，从而在输送方向上逐渐堆积。物料的堆积量越大，螺旋槽内的密度就会越大，因此，物料在输送方向上不断被挤压，密度不断增大，必然会使体积随之减小。

国内对相关螺旋输送装置的研究主要集中在对路选输送装置结构参数的设计、输送机理分析、输送过程虚拟仿真分析、输送装置结构参数优化和工作参数的优化分析，以及针对输送过程中出现的各种问题的解决等方面。

我国螺旋输送装置被广泛应用于多种行业，因此，其结构参数和螺旋叶片的形状种类较多。从结构参数方面来讲，有变螺距、变外壳直径、变轴径、大倾角和可伸缩等螺旋输送装置等。按照螺旋叶片的形状可分为 5 种类型：实体螺旋、带式螺旋、浆状叶片、齿状叶片和柔性的离散状螺旋叶片，具体要根据所输送物料的种类和力学特性来选定。

对螺旋输送装置的理论研究多数采用单质点法，并结合物料的力学特性分析输送机理，给出了不同行业内使用螺旋输送装置的生产率、螺距、螺旋叶片直径、中心轴直径和临界转速的理论计算公式。对垂直螺旋输送装置的理论研究，研究人员通常采用流体力学方法分析散体在输送装置内的分布规律。

对螺旋输送装置的虚拟仿真分析方面，在虚拟环境中快速设计螺旋输送装置，利用 SolidWorks、Pro/E 等软件对螺旋输送器零件进行建模，利用 ANSYS 等软件对其关键部件进行有限元分析，采用离散单元法对物料在螺旋输送装置内的运动状态以及相关参数对输送性能的影响规律进行研究。

对螺旋输送装置的优化方面，学者们以输送效率和输送装置的质量为优化目标，采用最小二乘法、蚁群算法、粒子群算法、遗传优化算法以及以上几种算法相结合的方法对螺旋输送装置进行了优化。

学者通过实践经验及对试验结果的分析，找出了螺旋输送装置在输送过程中存在的主要问题，如堵塞、螺旋端头、吊轴承和螺旋叶片的磨损失效等，并对每个问题进行理论分析和试验研究，提出了相应的解决方案。

Chapter eight

第 8 章
揉碎玉米秸秆螺旋
输送过程理论分析

　　螺旋输送装置的工作原理类似于单螺杆挤出机固体输送段的工作原理。目前，研究单螺杆挤出机固体输送段的输送机理中具有代表性的理论有：固体摩擦理论、能量平衡理论、非塞流固体输送理论以及黏性牵引理论等。

　　由于农业纤维物料的力学特性不同于各种粒状或粉状物料，所以，对揉碎玉米秸秆的螺旋输送过程进行理论研究是一个全新的研究，包括对螺旋槽形状的假设、螺旋槽内物料微元体的选取，对微元体的运动和受力分析，建立微元体的连续性方程和运动方程，深入了解螺旋槽中揉碎玉米秸秆的输送机理，分析输送压力的产生以及随输送长度的变化规律。在此基础上建立物料所受压力与生产率、压力与输送装置输送功耗的相关关系，进一步分析影响物料所受压力、输送装置的生产率和输送功耗的因素。本研究以水平螺旋输送装置为研究对象，深入分析输送过程中揉碎玉米秸秆的移动速度和加速度，并研究输送过程中螺旋轴的离心力、螺旋叶片的高度、物料的压缩特性和力学特性的综合影响，建立相应的物理模型和数学模型，研究揉碎玉米秸秆在螺旋输送装置内的输送机理，为螺旋输送装置的设计和生产提供理论依据。

8.1　螺旋输送过程理论分析的相关理论

　　农业纤维物料在螺旋输送装置内的输送类似于单螺杆挤出机内的固体输送过程，因此经典的单螺杆固体输送理论对于本项目研究具有一定的借鉴意义。

8.1.1　固体输送理论

　　截至目前，最为完善的固体输送理论是由 Darnell 和 Mol 提出的 Damell-Mol 固体输送理论。该理论也是目前国内外研究固体输送的主要理论。学者在静力学平衡的基础上建立了物理模型（图 8-1、图 8-2），其基本假设如下：

　　①物料在螺旋槽中形成固体塞，该固体塞不可压缩，密度和速度不变，固

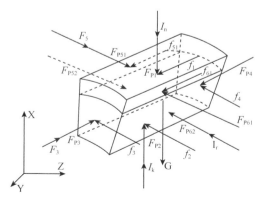

图 8-1　固体塞受力分析图

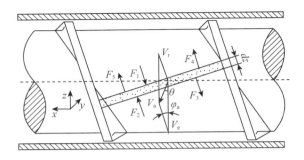

图 8-2   固体塞在螺旋槽内的受力和速度分析

体塞所受外力只是沿螺旋槽方向变化；

②固体塞与螺旋槽底面、螺棱两侧和机壳表面完全接触，相互间的摩擦系数与压力无关，而是温度的函数；

③固体塞所受的力只是沿螺旋槽方向变化，即各向等压；

④忽略螺棱顶面与机壳间隙、重力以及离心力的影响；

⑤将螺旋槽展开成矩形，机壳展开成平板；

⑥螺旋轴静止不动，机壳相对螺旋轴做平行滑动。

根据 Darnell-Mol 固体输送理论可以推导出螺杆挤出机的流量、物料所受压力和牵引角的表达式，对生产实际具有一定的指导意义。但由于部分假设与实际生产过程不符，导致理论推算结果与生产实践有很大的偏差。因此，后来研究者们从多个方面对 Damell-Mol 固体输送理论进行了修正。

（1）各向等压的修正

学者 E. Broyer 和 Z. Tadmor 对矩形螺旋槽和物料密度不变的假设进行了修正，提出了螺旋槽深度和物料密度为逐渐变化的思想，并计入了各向压力相异的影响。

K. Schneider 也提出了各向压力相异的假设，理论结果与 Darnell-Mol 模型相似，只是压力值比各向等压假设时的低。

（2）螺旋槽不等深和物料密度变化

对螺旋槽渐浅的结构来讲，固体在其内运动时密度将会发生变化，这与 Damell-Mol 固体输送理论的假设相矛盾。针对该问题 E. Broger 和 Z. Tadmor 提出了考虑螺旋槽深度与固相密度变化的思想，并推导出了相应的公式。

（3）黏性牵引理论

C. I. Chung 发现固体塞与接触的金属表面间存在一层聚合物熔膜，该熔膜引起固体床在螺旋槽内的运动，熔膜内产生剪应力 $\tau = C \cdot V^a$，而固体塞的运动最终受到这些剪切力的控制，由此提出了黏性牵引理论。

（4）能量平衡理论

Woldemar Tedder 提出了基于能量平衡原理的固体输送理论。该理论的基本假设与 Damell-Mol 固体输送理论一样，只是分析时引用了能量平衡原理和虚位移原理，结果得出，即使螺旋轴比机壳粗糙时，也有物料输出，而 Darnell-Mol 理论认为无物料输出。但采用该理论计算出的挤出机末端压力比实际高很多。

8.1.2 非塞流固体输送理论

针对经典塞流理论存在的局限性，朱复华及房士增等人提出了非塞流固体输送理论。该理论与固体输送理论的最大区别在于对物料在螺旋槽内运动形式的假设上。固体输送理论认为物料是密实、无间隙的固体塞。而非塞流理论认为，物料在螺旋槽内处于松散状态，颗粒间有间隙，并存在相对运动。该理论把形成固体塞前松散态到密实态这一段螺旋槽内的粒料看成理想散粒或黏性介质，在非塞流区采用散粒体的概念来代替固体塞，并建立了相应的数学模型。利用非塞流固体输送模型计算出的压力和生产率与实测值非常接近，计算精度也因此得到了显著的提高。但非塞流理论是非线性的，其计算过程是一个非线性的接触问题，需采用有限元方法计算，给实际应用带来许多困难。后来，朱复华和江顺亮等通过分析发现，螺旋槽内物料的速度沿横向的变化不大，而沿螺旋叶片高度方向变化较大，根据这一现象，把物料沿螺旋叶片高度方向分成三层，把每一层物料都看成一个固体塞，从而提出了非塞流三层模型。图 8-3 为非塞流的三层模型，图 8-4 为非塞流固体输送理论物料速度的典型分布。该模型不仅保证了理论计算精度，还大大减少了计算工作量。但非塞流三层模型中，每一层物料高度一般为 2~4mm，三层相当于 6~12mm，可见这个假设具有一定的局限性。

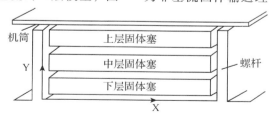

图 8-3　非塞流三层模型

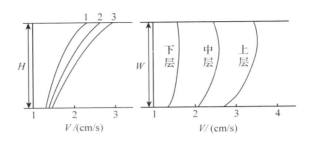

图 8-4　颗粒速度的典型分布

8.1.3　新型挤出理论

　　学者们经过不断地研究，逐渐发现上述理论存在着不同程度局限性，如 Damell-Mol 固体输送理论中，假设螺旋槽内的物料为固体塞，运动过程中密度不变；非塞流理论计算是非线性的接触问题，计算过程繁杂；同时指出，以上理论中均假设螺旋轴静止不动，机壳相对螺旋轴做平行滑动，忽略了输送过程中离心力的影响。针对上述存在的问题，有学者提出了一种考虑螺旋轴离心力和物料压缩特性综合作用的新型挤出理论。在物料输送段建立相应的物理模型和数学模型，通过简化处理，求出了模型的解析解，分析讨论了固体输送段牵引角的变化、压力和速度分布的变化规律。

8.2　揉碎玉米秸秆螺旋输送过程理论分析

8.2.1　物理模型的建立

　　揉碎玉米秸秆在螺旋输送装置内受到螺旋叶片的法向推力和切向摩擦力作用，从而在螺旋槽内形成螺旋运动。由于揉碎玉米秸秆本身松散，形态随机性较大、形状不规则，保持形状、尺寸的能力较差，容易缠绕及抱团等性质均会影响输送过程，因此，准确分析揉碎玉米秸秆在螺旋输送装置内的运动非常困难。原则上，只是在稳流或物料与周围摩擦面完全接触时才可以得到应力场，而揉碎玉米秸秆的输送过程中，这些条件不一定都能够满足。因而，为方便问题的分析，必须进行相应的合理的假设和简化。

经典的塞流理论被广泛应用于螺杆挤出机挤出过程的研究，该理论认为物料是密实、无间隙的整块固体，假定密度和速度沿着输送方向不变化，揉碎玉米秸秆在螺旋输送装置内的输送过程显然与此不相符。非塞流固体输送理论是一个非线性的接触问题，涉及的公式繁多而冗长，给实际的应用带来了不便。三层非塞流固体输送理论是将非塞流理论进一步进行简化而得到的，该理论应用的范围较窄，一般物料高度为 $2\sim4\,mm$，三层模型相当于 $6\sim12\,mm$，这对于螺旋输送装置来讲具有一定的局限。并且以上理论均假设螺旋轴静止而机筒旋转，忽略了螺旋轴旋转运动引起的惯性力，因此，它不能很好地解释压力的起源及物料沿槽宽和槽深的速度分布。

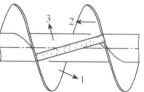

图 8-5　物料螺旋输送模型

1. 承压面　2. 叶片背面

3. 中心轴

本研究参照上述理论，提出一种适合揉碎玉米秸秆螺旋输送特点的输送理论。螺旋叶片的承压面和叶片背面类似于两块无限长的倾斜平行钢板，取螺旋叶片的承压面、背面和中心轴所围成的物料群中任意微元体，建立了如图 8-5 所示的揉碎玉米秸秆螺旋输送段的物理模型。

8.2.1.1　基本假设

①在螺旋输送过程中，揉碎玉米秸秆是可压缩、密度可变的连续运动体。

②螺旋叶片任意半径处的微元体中，物料之间相互接触，不存在相对滑移，微元体的密度是压力的函数，密度变化方向仅限于物料的输送方向。

③物料微元体与螺旋叶片、中心轴和机壳间的摩擦系数随物料的密度和含水率的变化而发生变化。

④物料微元体的密度、轴向应力(压力)和法向应力只沿物料运动方向变化。

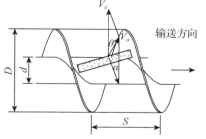

图 8-6　输送过程中物料速度分析

⑤忽略螺旋叶片曲率以及螺旋叶片和机壳之间间隙的影响。

8.2.1.2　速度分析

对螺旋槽内的物料微元体进行速度分析，运动分析示意如图 8-6 所示。

假设螺旋轴的转速为 n，物料微元体的牵连运动是定轴转动的圆周运动。

图中$\overrightarrow{V_r}$为物料微元体的相对速度，$\overrightarrow{V_e}$为物料微元体的牵连速度，$\overrightarrow{V_a}$为物料微元体的绝对速度，其大小分别为：

$$V_r = \frac{V_e\sin\theta}{\sin(\alpha+\theta)} = \frac{\pi rn\sin\theta}{30\sin(\alpha+\theta)} \tag{8-1}$$

$$V_e = \frac{\pi rn}{30} \tag{8-2}$$

$$V_a = \frac{v_e\sin\alpha}{\sin(\alpha+\theta)} = \frac{\pi rn\sin\alpha}{\sin(\alpha+\theta)} \tag{8-3}$$

式中　θ——物料运动的牵引角，°；

　　　α——螺旋叶片的螺旋升角，°；

　　　r——螺旋叶片的半径，m。

螺旋叶片的螺距、半径和螺旋升角之间的关系为：

$$\alpha = \arctan\frac{S}{2\pi r} \tag{8-4}$$

从式(8-1)~式(8-4)可知，物料微元体的相对速度、牵连速度和绝对速度不仅与螺旋轴的转速有关，还与螺旋叶片的螺距有关。在同一个螺距下，越靠螺旋叶片外缘，揉碎玉米秸秆的输送速度越快。

8.2.1.3　加速度分析

由于物料微元体的牵连运动是定轴转动，因此存在科氏加速度，其大小为：

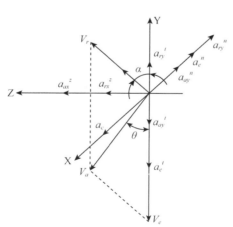

图8-7　加速度分析图

$$a_c = \frac{V_r^2}{r}\frac{\sin\theta\cos\alpha}{\sin(\alpha+\theta)} \tag{8-5}$$

物料微元体的绝对加速度a_a、牵连加速度a_e、相对加速度a_r和科氏加速度a_c之间的关系为：

$$\overrightarrow{a_a} = \overrightarrow{a_e} + \overrightarrow{a_r} + \overrightarrow{a_c} \tag{8-6}$$

将绝对加速度、相对加速度和牵连加速度分别沿着轴向(z)、法向(n)和切向(t)3个方向分解，加速度分量如图8-7所示。

根据加速度合成定理可得：

法向加速度：

$$a_{ay}{}^{n} = a_{ry}{}^{n} + a_{e}{}^{n} - a_{c} = \frac{V_{r}{}^{2}}{r}\left[\frac{\sin\alpha\cos\theta}{\sin(\alpha+\theta)}\right]^{2} \tag{8-7}$$

切向加速度:

$$a_{ay}{}^{t} = -a_{ry}{}^{t} \tag{8-8}$$

轴向加速度:

$$a_{az}{}^{z} = a_{rz}{}^{z} \tag{8-9}$$

根据以上分析可知,物料微元体的法向加速度反映了机壳、螺旋叶片和中心轴对揉碎玉米秸秆在螺旋槽内运动的影响,同时也反映了物料在法向的压缩程度。切向加速度反映了揉碎玉米秸秆微元体在切向的压缩程度。轴向加速度改变揉碎玉米秸秆的轴向位移,也决定物料的轴向输送速度及压缩程度。

从式(8-7)和式(8-8)可以看出,随着 $a_{ay}{}^{n}$ 和 $a_{ay}{}^{t}$ 的增大,物料在法向和切向的压缩程度增强,施加给螺旋叶片面、机壳和中心轴的反力增大,摩擦力随其增大,不利于输送。因此,降低揉碎玉米秸秆与接触面间的法向和切向作用力,利于提高螺旋输送装置的输送能力。

从式(8-9)可以看出,随着轴向加速度的增大,物料在轴向的压缩程度增强,导致轴向滞后严重,降低螺旋输送装置的输送能力。而物料轴向输送速度的波动导致在该方向上加速度的增大,因此,在实际工程中,通过选择合理的结构和运动参数,确保物料轴向推进速度的稳定性。

8.2.2 输送过程数学建模与求解

8.2.2.1 连续性方程

在输送过程中,螺旋槽内的物料之间相互接触,并在螺旋叶片的推力作用下产生挤压变形,物料间的间隙不断变小,因此可以认为揉碎玉米秸秆的密度不断增大,如图8-8所示。

在螺旋槽内沿物料的输送方向取一微元体,单位时间内沿着物料输送方向上流入的质量为: $\rho v S dh$,流出的质量为: $\left(\rho v + \frac{\partial(\rho v)}{\partial z}dz\right)Sdh$,单位时间内在 z 方向上的累积量为:

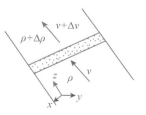

图8-8 输送过程中物料的运动分析

$$\frac{\partial \rho}{\partial t}Sdhdz$$

根据质量守恒定律得:

$$\rho vSdh - \left(\rho v + \frac{\partial (\rho v)}{\partial z}dz\right)Sdh = \frac{\partial \rho}{\partial t}Sdhdz \tag{8-10}$$

进一步整理可得:

$$\frac{\partial \rho}{\partial t} + \rho \frac{\partial v}{\partial z} + v \frac{\partial \rho}{\partial z} = 0 \tag{8-11}$$

式中　ρ——物料的密度, $kg \cdot m^{-3}$;

　　　dh——微元体的高度, m;

　　　v——微元体的运动速度, $m \cdot s^{-1}$;

　　　S——螺旋叶片的螺距, m;

　　　dz——沿螺旋槽的距离, m;

　　　t——时间, s。

式(8-11)是揉碎玉米秸秆微元体的连续性方程。

8.2.2.2　物料运动方程

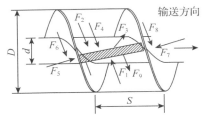

输送方向

图8-9　输送过程中物料的受力

螺旋叶片不同半径处物料微元体的受力不同。取螺旋叶片任意半径处的揉碎玉米秸秆微元体为研究对象, 对其进行受力分析, 如图8-9所示。

微元体在螺旋输送装置内受到以下几个力的作用, 分别是: 前进方向上后续物料的推力 F_1、前方物料的阻力 F_2、机壳表面的摩擦力 F_3, 处于微元体上面物料的摩擦力 F_4, 螺旋叶片承压面的正压力 F_5、摩擦力 F_6 和螺旋叶片背面的正压力 F_7 和摩擦力 F_8, 与下面物料间的摩擦力 F_9。

F_1 的方向与物料的运动方向相同, 其大小为:

$$F_1 = PSdh \tag{8-12}$$

F_2 的方向与物料的运动方向相反, 其大小为:

$$F_2 = \left(P + \frac{\partial P}{\partial z}dz\right)Sdh \tag{8-13}$$

F_3 的方向与绝对速度方向相同，其大小为：

$$F_3 = f_a(PSdz + \rho dzSdha_n) \tag{8-14}$$

其中：

$$a_n = \frac{V_r^2}{r}(\sin\alpha\cot\theta)^2 \tag{8-15}$$

F_4 的方向与物料的前进方向相反，其大小为：

$$F_4 = f_c PSdz \tag{8-16}$$

F_5 的方向垂直于前面叶片面(承压面)，其大小为：

$$F_5 = Pdhdz + F_d \tag{8-17}$$

F_6 的方向与物料的运动方向相反，其大小为：

$$F_6 = f_b(Pdhdz + F_d) \tag{8-18}$$

F_7 的方向垂直于后面叶片面(叶片背面)，其大小为：

$$F_7 = Pdhdz \tag{8-19}$$

F_8 的方向与物料的运动方向相反，其大小为：

$$F_8 = f_b Pdhdz \tag{8-20}$$

F_d 是推进面对微元体上的正推力，其大小为：

$$F_d = F_5 - F_7 \tag{8-21}$$

F_9 的方向与物料的运动方向相反，其大小为：

$$F_9 = f_c PSdz \tag{8-22}$$

物料微元体在 z 方向上的速度为 v，则该方向上加速度为：

$$a = \frac{dv}{dt} \tag{8-23}$$

微元体在 z 方向上的运动方程为：

$$F_1 - F_2 + F_3\cos(\alpha + \theta) - F_4 + F_5\sin\alpha - F_6 - F_7\sin\alpha - F_8 - F_9 = \rho Sdhdz\frac{dv}{dt} \tag{8-24}$$

对 x 方向进行受力分析可得：

$$F_5\cos\alpha - F_7\cos\alpha - F_3\sin(\alpha + \theta) = 0 \tag{8-25}$$

联立式(8-21)和式(8-25)得出：

$$F_d = \frac{F_3\sin(\alpha + \theta)}{\cos\alpha} = \frac{f_a(PSdz + \rho Sa_n dhdz)\sin(\alpha + \theta)}{\cos\alpha} \tag{8-26}$$

式(8-26)代入式(8-17)和式(8-18)得到：

$$F_5 = Pdhdz + \frac{F_3\sin(\alpha + \theta)}{\cos\alpha}$$

$$= Pdhdz + \frac{f_a(PSdz + \rho Sa_ndhdz)\sin(\alpha + \theta)}{\cos\alpha} \tag{8-27}$$

$$F_6 = f_bPdhdz + f_af_b\frac{(PSdz + \rho dzSdha_n)\sin(\alpha + \theta)}{\cos\alpha} \tag{8-28}$$

将 $F_1 \sim F_9$ 的表达式代入式(8-24)得：

$$PSdh - (P + \frac{\partial P}{\partial z}dz)Sdh + f_a(PSdz + \rho Sa_ndzdh)\cos(\alpha + \theta) - f_cPSdz + Pdhdz\sin\alpha +$$

$$f_a(PSdz + \rho Sa_ndzdh)\sin(\alpha + \theta)\tan\alpha - f_bPdhdz - \frac{f_af_b(PSdz + \rho Sa_ndzdh)\sin(\alpha + \theta)}{\cos\alpha} -$$

$$Pdhdz\sin\alpha - f_bPdhdz - f_cPSdz = \rho Sdhdz\frac{dv}{dt} \tag{8-29}$$

将上式展开并整理可得：

$$-\frac{\partial P}{\partial z}Sdhdz + f_aPSdz\cos(\alpha + \theta) + f_a\rho Sa_ndhdz\cos(\alpha + \theta) - 2f_cPSdz + Pdhdz\sin\alpha +$$

$$f_aPSdz\sin(\alpha + \theta)\tan\alpha + f_a\rho Sa_ndhdz\sin(\alpha + \theta)\tan\alpha - f_bPdhdz - \frac{f_af_bPSdz\sin(\alpha + \theta)}{\cos\alpha} -$$

$$\frac{f_af_b\rho Sa_ndhdz\sin(\alpha + \theta)}{\cos\alpha} - Pdhdz\sin\alpha - f_bPdhdz - \rho Sdhdz\frac{dv}{dt} = 0 \tag{8-30}$$

进一步合并可得：

$$\frac{\partial P}{\partial z} + P\frac{f_a}{dh}\left[\frac{2f_c}{f_a} - \cos(\alpha + \theta) - \sin(\alpha + \theta)\tan\alpha + \frac{f_b}{f_a}\frac{2dh}{S} + \frac{f_b\sin(\alpha + \theta)}{\cos\alpha}\right] +$$

$$\rho\left\{f_a\frac{v_r^2}{r}(\sin\alpha\cot\theta)2\left[\frac{f_b\sin(\alpha + \theta)}{\cos\alpha} - \sin(\alpha + \theta)\tan\alpha - \cos(\alpha + \theta)\right] + \frac{dv}{dt}\right\} = 0 \tag{8-31}$$

又因：

$$\frac{dv}{dt} = \frac{\partial v}{\partial z}\frac{dz}{dt} + \frac{\partial v}{\partial t} = v\frac{\partial v}{\partial z} + \frac{\partial v}{\partial t} \tag{8-32}$$

将式(7-32)代入式(7-31)并进一步整理可得：

$$\frac{\partial P}{\partial z} + PK_f + \rho\left(v\frac{\partial v}{\partial z} + \frac{\partial v}{\partial t} + K_bv^2\right) = 0 \tag{8-33}$$

$$K_f = \frac{f_a}{dh}\left[\frac{2f_c}{f_a} - \cos(\alpha + \theta) - \sin(\alpha + \theta)\tan\alpha + \frac{f_b}{f_a}\frac{2dh}{S} + \frac{f_b\sin(\alpha + \theta)}{\cos\alpha}\right] \quad (8\text{-}34)$$

$$K_b = \frac{f_a}{r}(\sin\alpha\cot\theta)^2\left[\frac{f_b\sin(\alpha + \theta)}{\cos\alpha} - \sin(\alpha + \theta)\tan\alpha - \cos(\alpha + \theta)\right] \quad (8\text{-}35)$$

式中　K_f——摩擦力系数；

$\quad\quad K_b$——离心力系数；

$\quad\quad f_a$——物料与机壳表面之间的摩擦系数；

$\quad\quad f_b$——物料与螺旋叶片和中心轴间的摩擦系数；

$\quad\quad f_c$——物料间的内摩擦系数；

$\quad\quad P$——物料所受压强，Pa。

摩擦力系数 K_f 反映了物料与机壳、螺旋叶片和中心轴间的摩擦力对物料输送的影响；离心力系数 K_b 反映了离心力对物料输送的影响。

8.2.2.3　数学模型的求解

（1）无量纲化及线性处理

根据相关文献得知，松散物料的密度与所受压强之间存在以下关系：

$$\rho = \rho_m - (\rho_m - \rho_a) \cdot e^{-C_0 P} \quad (8\text{-}36)$$

式中　ρ_m——物料的压实密度，$kg \cdot m^{-3}$；

$\quad\quad \rho_a$——物料的松散密度，$kg \cdot m^{-3}$；

$\quad\quad P$——压强，Pa；

$\quad\quad C_0$——可压缩系数，与物料性质有关。

式（8-36）两边分别对 z 和 t 求导得：

$$\frac{\partial \rho}{\partial z} = C_0(\rho_m - \rho_a)e^{-C_0 P}\frac{\partial P}{\partial z} \quad (8\text{-}37)$$

$$\frac{\partial \rho}{\partial t} = C_0(\rho_m - \rho_a)e^{-C_0 P}\frac{\partial P}{\partial t} \quad (8\text{-}38)$$

式（8-36）~式（8-38）代入式（8-11）和式（8-33）得：

$$\frac{\partial P}{\partial t} + v\frac{\partial P}{\partial z} + \frac{1}{C_0}\left[\frac{\rho_m}{\rho_m - \rho_a}e^{C_0 P} - 1\right]\frac{\partial v}{\partial z} = 0 \quad (8\text{-}39)$$

$$\frac{\partial P}{\partial z} + PK_f + \left[\rho_m - (\rho_m - \rho_a)e^{-C_0 P}\right]\left(v\frac{\partial v}{\partial z} + \frac{\partial v}{\partial t} + K_b v^2\right) = 0 \quad (8\text{-}40)$$

对式(8-39)和式(8-40)直接求解很困难，因此，本文研究先对各量进行无量纲化，进一步作线性处理，再求解。

设：$\bar{P}$、$\bar{\rho}$、$\bar{v}$、$\bar{t}$ 分别是物料所受压强、密度、速度和时间的特征量，L 为螺旋输送装置的轴向输送长度。假设：

$$P = \bar{P}(1 + P^*); \rho = \bar{\rho}(1 + \rho^*); v = \bar{v}(1 + v^*); t = \bar{t}t^*; V_a \qquad (8-41)$$

对应的无量纲边界为：

$$V_r = \frac{V_e \sin\theta}{\sin(\alpha + \theta)} = \frac{\pi rn\sin\theta}{30\sin(\alpha + \theta)}, V_e = \frac{\pi rn}{30} \qquad (8-42)$$

$$P^*\Big|_{z^*} = 0 = \frac{P(z,t)\big|_{z=0}}{\bar{P}} - 1 = P_0^*(t) = P_0^*, P^*\Big|_{t^*=0} = 0 \qquad (8-43)$$

式中 v_0——稳态下物料的入口速度，$v_0 = 2\pi rn\cos\alpha$。

（2）连续性方程的无量纲化及线性处理

将式(8-41)代入式(8-39)得：

$$\frac{\bar{P}}{\bar{t}}\frac{\partial P^*}{\partial t^*} + \bar{v}(1 + v^*)\frac{\bar{P}}{L}\frac{\partial P^*}{\partial z^*} + \frac{1}{C_0}\left(\frac{\rho_m}{\rho_m - \rho_a}e^{C_0P(1+P^*)} - 1\right)\frac{\bar{v}}{L}\frac{\partial v^*}{\partial z^*} = 0 \quad (8-44)$$

对上式进行整理得

$$\frac{L}{\bar{v}\bar{t}}\frac{\partial P^*}{\partial t^*} + (1 + v^*)\frac{\partial P^*}{\partial z^*} + \frac{1}{C_0\bar{P}}\frac{\rho_m}{\rho_m - \rho_a}e^{C_0\bar{P}}\left[(e^{C_0\bar{P}P^*} - 1) + \left(1 - \frac{\rho_m - \rho_a}{\rho_m}e^{-C_0\bar{P}}\right)\right]\frac{\partial v^*}{\partial z^*} = 0$$
$$(8-45)$$

进一步整理上式得：

$$\frac{L}{\bar{v}\bar{t}}\frac{\bar{P}\partial P^*}{\partial t^*} + (1 + v^*)\frac{\partial P^*}{\partial z^*} + \frac{1}{C_0\bar{P}}\left(\frac{\rho_m}{\rho_m - \rho_a}e^{C_0\bar{P}(1+P^*)} - 1\right)\frac{\partial v^*}{\partial z^*} = 0 \quad (8-46)$$

最后整理得：

$$\frac{L}{\bar{v}\bar{t}}\frac{\partial P^*}{\partial z^*} + (1 + v^*)\frac{\partial P^*}{\partial z^*} + \frac{1}{C_0\bar{P}}\frac{\rho_m}{\rho_m - \rho_a}e^{C_0\bar{P}}\left[(e^{C_0\bar{P}P^*} - 1) + \left(1 - \frac{\rho_m}{\rho_m - \rho_a}e^{-C_0\bar{P}}\right)\right]\frac{\partial v^*}{\partial z^*} = 0$$
$$(8-47)$$

假设：$A = \frac{L}{\bar{v}\bar{t}}$

因 $\frac{1}{A} << 1$，$v^* \leqslant 1$，$e^{C_0\bar{P}P^*} - 1 << 1$，因此略去高阶微量得：

$$\frac{\partial P^*}{\partial t^*} + \frac{1}{A}\frac{\partial P^*}{\partial z^*} + \frac{B}{A}\frac{\partial v^*}{\partial z^*} = 0 \qquad (8-48)$$

其中：$B = \dfrac{\rho_m}{C_0 P(\rho_m - \rho_a)} e^{-C_0 P}$

（3）运动方程的线性化及无量纲处理

将式（8-41）代入式（8-40）得：

$$\frac{\bar{P}}{L}\frac{\partial \, P^*}{\partial \, z^*} + \bar{P}(1 + P^*)K_f + \left[\rho_m - (\rho_m - \rho_a)e^{-C_0 P(1 + P^*)}\right]\left[\bar{v}(1 + v^*)\frac{\bar{v}\partial \, v^*}{L\partial \, z^*} + \frac{\bar{v}\partial \, v^*}{\bar{t}\partial \, t^*} + \right.$$

$$\left. K_b \, \bar{v}^2 \, (1 + v^*)^2\right] = 0 \tag{8-49}$$

对上式进行整理得：

$$\frac{\partial \, P^*}{\partial \, z^*} + L(1 + P^*)K_f + \left[\rho_m - (\rho_m - \rho_a)e^{-C_0 P(1 + P^*)}\right](1 + v^*)\frac{\bar{v}^2\partial \, v^*}{\bar{P}\partial \, z^*} + \left[\rho_m - (\rho_m - \rho_a)\right.$$

$$\left. e^{-C_0 P(1 + P^*)}\right]\frac{L\bar{v}\partial \, v^*}{\bar{t}\bar{P}\partial \, t^*} + (1 + v^*)^2\left[\rho_m - (\rho_m - \rho_a)e^{-C_0 \bar{P}(1 + P^*)}\right]K_b \bar{v}^2 \, \frac{L}{\bar{P}} = 0 \tag{8-50}$$

其中：

$$\rho_m - (\rho_m - \rho_a)e^{-C_0 P(1 + P^*)} = \rho_m\left[1 - \frac{(\rho_m - \rho_a)e^{-C_0 P(1 + P^*)}}{\rho_m}\right]$$

$$= \rho_m\left[1 - \frac{(\rho_m - \rho_a)}{\rho_m}e^{-C_0 \bar{P}P^*}\right] \tag{8-51}$$

对式（8-36）做转换可得：

$$(\rho_m - \rho_a)e^{-C_0 P} = \rho_m - \bar{\rho} \tag{8-52}$$

将式（8-52）代入式（8-51）得：

$$\rho_m - (\rho_m - \rho_a)e^{-C_0 P(1 + P^*)} = \rho_m\left[1 - \frac{\rho_m - \bar{\rho}}{\rho_m}e^{-C_0 \bar{P}P^*}\right] \tag{8-53}$$

式（8-53）代入式（8-50）得：

$$\frac{\partial \, P^*}{\partial \, z^*} + LK_f + LK_f P^* + \rho_m\left(1 - \frac{\rho_m - \rho_a}{\rho_m}e^{-C_0 \bar{P}P^*}\right)(1 + v^*)\frac{\bar{v}^2\partial \, v^*}{\bar{P}\partial \, z^*} + \rho_m\left(1 - \frac{\rho_m - \rho_a}{\rho_m}e^{-C_0 \bar{P}P^*}\right)$$

$$\frac{L\bar{v}\partial \, v^*}{\bar{t}\bar{P}\partial \, t^*} + \rho_m\left(1 - \frac{\rho_m - \rho_a}{\rho_m}e^{-C_0 \bar{P}P^*}\right)(1 + v^*)K_b \bar{v} \, \frac{L}{\bar{P}} = 0 \tag{8-54}$$

由于 $v^* \leqslant 1$，$\dfrac{\rho_m - \rho_a}{\rho_m}e^{-C_0 \bar{P}P^*} \ll 1$，忽略该两项，对上式进一步简化得：

$$\frac{\partial \, P^*}{\partial \, z^*} + LK_f + LK_f P^* + \rho_m\frac{\bar{v}^2\partial \, v^*}{\bar{P}\partial \, z^*} + \rho_m L\frac{\bar{v}\partial \, v^*}{\bar{t}\bar{P}\partial \, t^*} + \rho_m K_b \bar{v} \, \frac{L}{\bar{P}} = 0 \tag{8-55}$$

对上式进行整理可得：

$$\frac{\partial P^*}{\partial z^*} + C + CP^* + D\frac{\partial v^*}{\partial z^*} + E\frac{\partial v^*}{\partial t^*} + FD = 0 \tag{8-56}$$

式中：

$$C = LK_f, D = \frac{\rho_m \bar{v}^2}{\bar{P}}, E = AD = \frac{\rho_m \bar{v}L}{\bar{t}\bar{P}}, F = LK_b \tag{8-57}$$

（4）模型的求解

为书写方便对连续方程和运动方程进行求解时同时省略式中的" * "可得：

$$\frac{\partial P}{\partial t} + \frac{1}{A}\frac{\partial P}{\partial z} + \frac{B}{A}\frac{\partial v}{\partial z} = 0 \tag{8-58}$$

$$\frac{\partial P}{\partial z} + CP + D\frac{\partial v}{\partial z} + E\frac{\partial v}{\partial t} + G = 0 \tag{8-59}$$

式中　$G = C + FD$

考虑初始条件：$v|_{t=0} = 0$，$P|_{t=0} = 0$，对式（8-58）进行拉普拉斯变换得：

$$\wp\left[\frac{\partial P}{\partial t}\right] = sP(z,s) - P(z,0) = sP(z,s) - 0 = sP(s) \tag{8-60}$$

$$\wp\left[\frac{1}{A}\frac{\partial P}{\partial z}\right] = \frac{1}{A}\wp\left[\frac{\partial P}{\partial z}\right] = \frac{1}{A}\int_0^{+\infty}\frac{\partial P}{\partial z}\mathrm{e}^{-st}\mathrm{d}t$$

$$= \frac{1}{A}\frac{\partial}{\partial z}\int_0^{+\infty}P(z,s)\mathrm{e}^{-st}\mathrm{d}t = \frac{1}{A}\frac{\mathrm{d}P(s)}{\mathrm{d}z} \tag{8-61}$$

$$\wp\left[\frac{B}{A}\frac{\partial v}{\partial z}\right] = \frac{B}{A}\wp\left[\frac{\partial v}{\partial z}\right] = \frac{B}{A}\int_0^{+\infty}\frac{\partial v}{\partial z}\mathrm{e}^{-st}\mathrm{d}t$$

$$= \frac{B}{A}\frac{\partial}{\partial z}\int_0^{+\infty}v(z,s)\mathrm{e}^{-st}\mathrm{d}t = \frac{B}{A} \tag{8-62}$$

式中　s 为拉氏因子。

将式（8-61）和式（8-62）代入式（8-58）得：

$$sP(s) + \frac{1}{A}\frac{\mathrm{d}P(s)}{\mathrm{d}z} + \frac{B}{A}\frac{\mathrm{d}V(s)}{\mathrm{d}z} = 0 \tag{8-63}$$

同理对式（8-59）进行拉普拉斯变换得：

$$\frac{\mathrm{d}P(s)}{\mathrm{d}z} + CP(s) + D\frac{\mathrm{d}V(s)}{\mathrm{d}z} + EsV(s) + \frac{1}{s}G = 0 \tag{8-64}$$

将式(8-63)和式(8-64)化简得到线性二阶方程组：

$$
\begin{cases}
\dfrac{\mathrm{d}^2 P(s)}{\mathrm{d}z^2} + \left[\dfrac{BC - sAD - Es}{B - D}\right]\dfrac{\mathrm{d}P(s)}{\mathrm{d}s} - \dfrac{AEs^2}{B - D}P(s) = 0 \\[3mm]
\dfrac{\mathrm{d}^2 V(s)}{\mathrm{d}z^2} + \left[\dfrac{BC - sAD - Es}{B - D}\right]\dfrac{\mathrm{d}V(s)}{\mathrm{d}s} - \dfrac{AEs^2}{B - D}V(s) = \dfrac{AG}{B - D}
\end{cases}
\tag{8-65}
$$

令 $\gamma = \dfrac{BC - sAD - Es}{B - D}$ ， $\lambda^2 = \dfrac{AE}{B - D}s^2$

则方程组(8-65)可简化为：

$$
\begin{cases}
\dfrac{\mathrm{d}^2 P(s)}{\mathrm{d}z^2} + \gamma\dfrac{\mathrm{d}P(s)}{\mathrm{d}s} - \lambda^2 P(s) = 0 \\[3mm]
\dfrac{\mathrm{d}^2 V(s)}{\mathrm{d}z^2} + \gamma\dfrac{\mathrm{d}V(s)}{\mathrm{d}s} - \lambda^2 V(s) = \dfrac{AG}{B - D}
\end{cases}
\tag{8-66}
$$

利用拉普拉斯终值定理求得：

$$
P = (1 + P_0)\mathrm{e}^{-\gamma_1 z} - 1
\tag{8-67}
$$

$$
V = v_0 - \frac{P_0}{B}(1 - \mathrm{e}^{-\gamma_1 z})
\tag{8-68}
$$

将压强和速度分别化为有量纲形式，得：

$$
P = P_0 \mathrm{e}^{-\frac{\gamma_1 z}{L}}
\tag{8-69}
$$

$$
V = v_0 - \frac{C_0 v_0(\rho_m - \bar{\rho})(\bar{P} - P_0)}{\bar{\rho}}(\mathrm{e}^{-\gamma_1 z} - 1)
\tag{8-70}
$$

式中 $\quad \gamma_1 = \dfrac{\rho_0(P_0 LK_f + LK_b \rho_m v_0{}^2)}{P_0[\rho_0 - \rho_m v_0{}^2 C_0(\rho_m - \rho_0)]}$

（5）总压力的计算

式(8-69)是物料微元体在螺旋输送装置内所受压强的数学模型，与螺旋输送装置的结构参数、运动参数以及揉碎玉米秸秆本身的特征参数有关。在螺旋叶片的高度和螺旋输送装置的输送长度上进行二重积分可得物料在输送过程中所受到的总压力。

$$
P(Z) = \int_0^Z \int_0^H P\,\mathrm{d}h\mathrm{d}z = \int_0^Z \int_0^H P_0 \mathrm{e}^{-\frac{\gamma_1 z}{L}}\mathrm{d}z\mathrm{d}h
\tag{8-71}
$$

式中 $\quad h$——螺旋叶片的高度，m；

$\qquad z$——输送长度，m。

8.3 螺旋输送生产率的理论分析

螺旋输送装置的体积生产率 $Q_v(\mathrm{m}^3 \cdot \mathrm{s}^{-1})$ 可以用绝对速度 $V_a(\mathrm{m} \cdot \mathrm{s}^{-1})$ 的轴向分量 $V(\mathrm{m} \cdot \mathrm{s}^{-1})$ 和垂直于轴线的物料截面积 $A(\mathrm{m}^2)$ 的乘积来计算。其中：

$$A = \frac{\pi(D^2 - \mathrm{d}^2)}{4} - \frac{eh}{\sin\bar\alpha} \tag{8-72}$$

$$V = 2\pi rn \frac{\tan\alpha\tan\theta}{\tan\alpha + \tan\theta} \tag{8-73}$$

$$Q_v = AV = 2\pi rn \frac{\tan\alpha\tan\theta}{\tan(\alpha + \theta)}\left[\frac{\pi(D^2 - \mathrm{d}^2)}{4} - \frac{eh}{\sin\bar\alpha}\right] \tag{8-74}$$

式中　D——螺旋叶片外缘处的直径，m；

　　　d——中心轴的直径，m；

　　　e——螺旋叶片的厚度，m；

　　　$\bar\alpha$——平均值螺旋升角，°。

由于揉碎玉米秸秆是柔软的蓬松体，输送过程中密度不断发生变化，计算出的体积生产率不能真实地反映螺旋输送装置的实际生产率，因此，用质量生产率来表示。螺旋输送装置的质量生产率为：

$$Q_g = Q_v\rho = 2\pi rn\rho \frac{\tan\alpha\tan\theta}{\tan(\alpha + \theta)}\left[\frac{\pi(D^2 - \mathrm{d}^2)}{4} - \frac{eh}{\sin\bar\alpha}\right] \tag{8-75}$$

式中　ρ——物料的密度，$\mathrm{kg} \cdot \mathrm{m}^{-3}$。

8.3.1 螺旋输送功耗的理论分析

螺旋输送装置工作时所消耗的功率主要包括：物料与机壳表面摩擦作用所消耗的功率，物料与螺旋叶片承压面和叶片背面摩擦作用所消耗的功率，物料与中心轴摩擦作用所消耗的功率以及揉碎玉米秸秆之间相互缠绕、挤压、摩擦等作用所消耗的功率。下面逐项进行分析和计算。

①物料与机壳(U 形机壳)间 z 方向的微增量上所消耗的功率为：

$$E_1 = F_3 V_a \tag{8-76}$$

在螺旋叶片高度和输送长度上进行二重积分可得：

$$E_{11} = \int_0^Z \int_0^H F_3 V_a \mathrm{d}h\mathrm{d}z \qquad (8-77)$$

②物料与叶片承压面和叶片背面间 z 方向的微增量上所消耗的功率为：

$$E_2 = (F_6 + F_8) V_r \qquad (8-78)$$

在螺旋叶片高度和输送长度上进行二重积分可得：

$$E_{22} = \int_0^Z \int_0^H (F_6 + F_8) V_r \mathrm{d}h\mathrm{d}z \qquad (8-79)$$

③物料与中心轴摩擦作用所消耗的功率为：

$$E_3 = F_c V_r \qquad (8-80)$$

在螺旋叶片高度和输送长度上进行二重积分可得：

$$E_{33} = \int_0^Z \int_0^H F_c V_r \mathrm{d}h\mathrm{d}z \qquad (8-81)$$

④物料间的相互作用所消耗的功率：揉碎玉米秸秆本身松散、保持形状及尺寸的能力差，由于物料间存在间隙，当受到外界压力作用时，物料间的间隙不断变小，揉碎玉米秸秆被压缩，密度不断增大，当外界压力达到一定值时，输送过程中将会产生聚集抱团等现象。因此，揉碎玉米秸秆在螺旋槽内的运动较为复杂，物料群在输送过程中相互挤压、混合、缠绕，从而消耗一部分功率。到目前为止，对该部分功率消耗无法做数学上的精确计算，通常以修正系数的方式来考虑。

⑤螺旋输送装置输送段的总功率消耗为：

$$E = k(E_{11} + E_{22} + E_{33}) \qquad (8-82)$$

式中　k——揉碎玉米秸秆之间的相互作用所消耗的功率消耗系数。

8.3.2　分析与讨论

8.3.2.1　摩擦力系数与离心力系数

由式(8-33)和式(8-34)可知，K_f 反映了物料与机壳表面、螺旋叶片面和螺旋轴间的摩擦力对输送性能的影响。同时该系数也是牵引角和螺旋升角的函数。利用 MATLAB 绘制了 K_f 与影响因素之间的关系曲线，如图 8-10~图 8-12 所示。

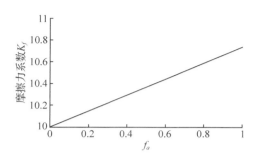

图 8-10　系数 K_f 与 f_a 的关系

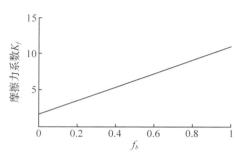

图 8-11　系数 K_f 与 f_b 的关系

　　从图 8-10 ~ 图 8-12 可以看出，摩擦力系数随着物料与几个接触面间摩擦系数的增大而增大。当物料与螺旋叶片和中心轴间的摩擦力较大时，容易做圆周运动，不利于输送。当物料与机壳表面间的摩擦力足够大时，物料不容易做圆周运动，有利于输送。因此在实践中通过选择合理的叶片、中心轴和机壳的材料或者对

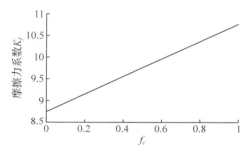

图 8-12　系数 K_f 与 f_c 的关系

材料进行表面处理来降低或增大与物料之间的摩擦系数，从而降低或增大摩擦力，提高输送效率，降低输送功耗。

　　牵引角和螺旋升角对摩擦力系数的影响情况如图 8-13、图 8-14 所示。

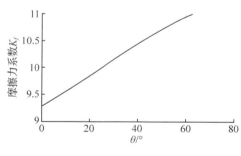

图 8-13　系数 K_f 与 θ 的关系

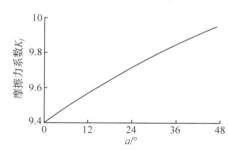

图 8-14　系数 K_f 与 a 的关系

　　从图 8-13 可以看出，摩擦力系数随着牵引角的增大而增大，说明牵引角增大，揉碎玉米秸秆与螺旋叶片、中心轴和机壳间的摩擦力作用增大。当牵引角为零时摩擦力系数最小，此时螺旋轴的离心力作用最大，理论上揉碎玉米秸秆只做绕轴运

动，无轴向运动。

从图 8-14 可以看出，摩擦力系数随螺旋升角的增大而增大。说明随着螺旋升角的增大，物料与接触面间的摩擦力作用增大。

由式 (8-33) 和式 (8-35) 可知，K_b 反映离心力对物料输送的影响。同时该系数也是牵引角和螺旋升角的函数。利用 MATLAB 绘制了 K_b 与影响因素之间的关系曲线，如图 8-15、图 8-16 所示。

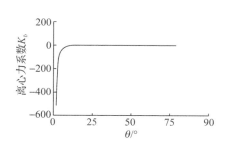
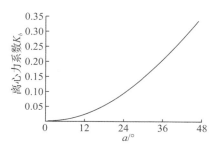

图 8-15 系数 K_b 与 θ 的关系   图 8-16 系数 K_b 与 a 的关系

从图 8-15 可以看出，离心力系数随牵引角的增大而减小。当牵引角为零时，离心力系数趋向无穷大，螺旋轴的离心力达到最大值，理论上揉碎玉米秸秆只做绕轴运动，无轴向运动，此时螺旋叶片的推力完全用来压缩物料，揉碎玉米秸秆的密度增大，压力达到极大值，不利于输送。当牵引角达到最大值时，离心力系数等于零，但此时，摩擦力作用最大，物料与螺旋叶片一同旋转，无相对运动。

从图 8-16 可以看出，离心力系数随螺旋升角的增大而增大。说明，越接近中心轴，螺旋轴的离心力作用越大，该处的物料以圆周运动为主。

综上所述，当揉碎玉米秸秆与螺旋叶片间的摩擦力增大时，物料随螺旋叶片一同旋转。当螺旋轴的离心力作用增大到一定程度时，物料开始沿螺旋叶片做切向运动。因此，对于揉碎玉米秸秆的螺旋输送过程来讲，无论是摩擦力作用增大还是离心力作用增大，均会减弱物料的轴向运动，降低输送效率。

8.3.2.2 物料运动速度的分析

由式 (8-70) 可知，物料在螺旋输送装置内沿螺旋槽方向的运动速度是螺旋叶片的几何参数、螺旋轴转速、压力、物料的密度和摩擦系数的函数。

(1) 输送长度与物料运动速度的关系

在螺旋输送装置的相关参数和物料的特征参数一定的情况下，采用 MATLAB 软件绘制了输送长度与物料运动速度的关系曲线，如图 8-17 所示。

从图 8-17 可以看出，物料的运动速度随着输送长度的增加而减小。主要是由于揉碎玉米秸秆在输送过程中不断被挤压，密度不断增大，物料与接触面间的摩擦系数不断增大，使物料的运动速度随输送长度的增加而逐渐减小。

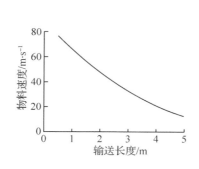

图 8-17　输送长度与速度的关系　　　　图 8-18　螺旋叶片半径与速度的关系

（2）螺旋叶片半径与物料运动速度的关系

在螺旋输送装置的相关参数和物料的特征参数一定的情况下，采用 MATLAB 软件绘制了螺旋叶片半径与物料速度的关系曲线，如图 8-18 所示。

从图 8-18 可以看出，随着叶片半径的增大，物料的运动速度增大，说明越接近中心轴，物料的运动速度越小，越靠近螺旋叶片外缘，物料的速度越大。该结论与非塞流三层理论以及其他相关研究得到的结论完全一致。

（3）螺距与物料运动速度的关系

在螺旋输送装置的相关参数和物料揉碎玉米秸秆的特征参数一定的情况下，采用 MATLAB 软件绘制了不同螺旋轴转速下螺旋叶片的螺距与物料运动速度的关系曲线，如图 8-19 所示。

从图 8-19 可以看出，在同一个螺旋轴转速下，物料的运动速度随螺距的增大而增大。在同一个螺距下，物料的运动速度随着螺旋轴转速的增加而增大。主要原因有，根据相关文献得知，螺旋叶片的推运速度满足式：

$$V_W = \frac{nS}{60} \qquad (8-83)$$

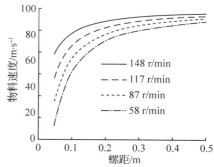

图 8-19　螺距与速度的关系

式中　V_W——螺旋叶片的推运速度，$m \cdot s^{-1}$；

　　　n——螺旋轴转速，$r \cdot min^{-1}$；

　　　S——螺旋叶片的螺距，m。

由式（8-83）可知，当喂入量以及其他相关参数一定的条件下，螺旋叶片的运动速度随着螺距和螺旋轴转速的增大而增大，使得物料的运动速度增大。

（4）摩擦系数与物料运动速度的关系

在螺旋输送装置的相关参数一定的情况下，采用 MATLAB 软件绘制了 f_a、f_b、f_c 与物料运动速度的关系曲线，如图 8-20 所示。

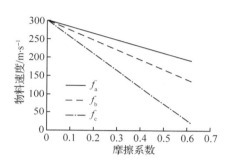

从图 8-20 可以看出，物料的运动速度随揉碎玉米秸秆与接触面间的摩擦系数和物料间内摩擦系数的增大而减小。由分析图8-10~图 8-12 可知，随着 f_a、f_b 和 f_c 的增大，物料的摩擦力系数增大，导致物料与接触面间的摩擦阻力增大，减小物料的运动速度。

图 8-20　摩擦系数与速度的关系

本研究借鉴经典的固体输送理论、非塞流固体输送理论和三层非塞流理论对揉碎玉米秸秆在螺旋输送装置内的输送机理进行分析，构建了综合考虑物料的可压缩性、力学特性、密度、速度以及螺距的变化和螺旋轴离心力作用的揉碎玉米秸秆螺旋输送模型。通过对输送模型进行运动分析和受力分析，建立了螺旋槽内物料所受压力、生产率和功耗的数学模型。

分析和讨论了揉碎玉米秸秆与接触面间的摩擦系数、物料间的内摩擦系数、牵引角及螺旋升角对输送性能的影响情况。分析结果表明，物料与接触面间的摩擦力作用随摩擦系数、牵引角和螺旋升角的增大而增大。螺旋轴的离心力作用随牵引角的增大而减小，随螺旋升角的增大而增大。并且物料与接触面间的摩擦力作用和螺旋轴的离心力作用均会减弱物料的轴向运动，降低输送效率。

对揉碎玉米秸秆螺旋输送过程中的运动速度和加速度进行了分析，结果表明，微元体的运动速度随输送长度和接触表面摩擦系数的增大而减小，随螺距和螺旋轴转速的增大而增大。物料微元体的法向、切向和轴向加速度分别反映了对应方向上物料的运动情况以及压缩程度。

Chapter nine

第 9 章
揉碎玉米秸秆螺旋
输送过程压力分析

9.1　物料所受压力的分析

螺旋输送过程中，物料所受压力与以下参数有关：

①螺旋输送装置的几何参数包括：螺距、螺旋叶片高度、螺旋升角、输送螺旋长度；

②物料的特性参数包括：物料与机壳、螺旋叶片和中心轴间的摩擦系数、内摩擦系数、物料的松密度、物料的含水率、可压缩系数；

③螺旋输送装置的工作参数包括：螺旋轴转速、喂入量、充满系数等。

为了从理论上更好地指导农业纤维物料输送所使用螺旋输送装置的设计，选择更合理的结构参数和工作参数，更好地拟定设计方案和对螺旋输送装置进行实验研究，本研究对式(8-71)进行模拟计算，讨论模型中的物理量对压力分布的影响。为了得到压力与这些物理量的关系，先假定其他物理量值为常数，只改变其中一个物理量，采用 MATLAB 软件进行模拟计算，得出参数与压力的关系曲线。

（1）输送螺旋长度对物料所受压力的影响

将螺旋输送装置的相关参数代入式(8-71)可得物料沿输送螺旋长度上的压力曲线，如图 9-1 所示。从图上可以看出，物料所受压力随着输送螺旋长度的增加而增大。通过速度分析可知，物料的运动速度随输送螺旋长度的增加而减小，因此物料在输送方向上不断堆积，密度不断增大，导致物料受压力增大。

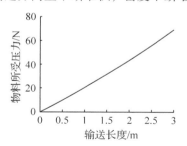 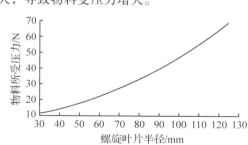

图 9-1　输送螺旋长度与压力的关系　　**图 9-2　螺旋叶片半径与压力的关系**

（2）螺旋叶片半径对物料所受压力的影响

螺旋叶片半径对物料所受压力的影响情况如图 9-2 所示。从图上可以看出，随着螺旋叶片半径的增大，物料所受压力增大。根据前任研究结果可知，物料受到的正压力随着螺旋叶片半径的增大而增大。由于离心力的存在使得物料聚集在螺旋叶片外缘处。物料的聚集量越大，其密度越大，所受压力也随之增大。该结论证明了物料所受压力不仅与螺旋叶片的结构参数和运动参数有关，还与输送物料的密度有关。

（3）螺距对物料所受压力的影响

图9-3是螺距与物料所受压力的关系曲线。由图可以看出，随着螺距的增大，物料所受压力减小。其主要原因是，随着螺距的增大，螺旋槽内的空间变大，在喂入量一定的情况下，螺旋槽内被输送物料的密度减小，物料间相互挤压缠绕程度低，故物料所受压力小。

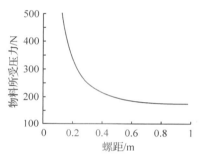

图9-3　螺距与压力的关系　　　　　图9-4　转速与压力的关系

（4）螺旋轴转速对物料所受压力的影响

当螺距和喂入量一定时，螺旋轴转速对压力的影响情况如图9-4所示。从图上可以看出，物料所受压力随着螺旋轴转速的增加而增大。主要原因在于，随着转速的增加，物料所受到的离心力增大，物料沿螺旋叶片切向运动趋势加强，物料聚集在叶片外缘附近越多，导致该处被输送物料的密度增大。密度越大，物料间相互挤压缠绕程度越增强，物料所受压力随之增大。

（5）喂入量对物料所受压力的影响

本研究选用"U"形机壳，如图9-5所示。假设喂入量为 $Q_w(\text{kg} \cdot \text{min}^{-1})$，在螺旋输送装置的起始端（进料口处）物料的密度为 $\rho_1(\text{kg} \cdot \text{m}^{-3})$，进料口所对应的输送螺旋长度为 L_1（m），该长度对应的体积为 $V_1(\text{m}^3)$，采用"饥饿喂料方式"，相当于单位时间内的喂料量全部用来填充喂料段螺旋轴转过 n 圈的容积，则有：

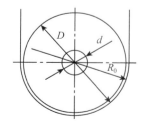

图9-5　机壳界面图

$$V_1 = \left[\frac{\pi(D^2 - d^2)}{8} + RD \right]L_1 \qquad (9\text{-}1)$$

$$\rho_1 = \frac{Q_w}{nV_1} = \frac{Q_w}{n\left[\dfrac{\pi(D^2 - d^2)}{8} + RD \right]L_1} \qquad (9\text{-}2)$$

又因为物料喂入端压力 P_1 与密度之间存在如下关系：

$$\rho_1 = \rho_m - (\rho_m - \rho_a)e^{-C_0 P_1} \qquad (9\text{-}3)$$

综合式(9-1)~式(9-3)得：

$$P_1 = -\frac{1}{C_0}\ln\frac{\rho_m - \rho_1}{\rho_m - \rho_a} = -\frac{1}{C_0}\ln\frac{\rho_m - \dfrac{Q_w}{n\left[\dfrac{\pi(D^2 - d^2)}{8} + RD\right]L_1}}{\rho_m - \rho_a} \qquad (9\text{-}4)$$

当螺旋轴转速一定时，物料在输送段所受到的压力与喂入量的关系曲线如图 9-6 所示。

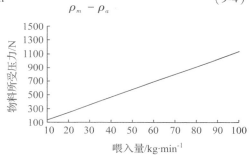

图 9-6　喂入量与压力的关系

从图 9-6 可以看出，物料所受压力随着喂入量的增大而增大。主要原因是，喂入量越大，螺旋槽内的物料量越多，物料间的相互挤压力、摩擦力越大，机壳与物料间的摩擦阻力越大，在螺旋叶片的推力作用下物料处于压缩状态，甚至会出现聚集、抱团等现象，因此物料所受压力增大。

（6）摩擦系数对物料所受压力的影响

从图 9-7 和图 9-8 可以看出，不同的机壳和螺旋叶片的摩擦系数对物料所受压力的影响也不同。从图 9-7 可以看出，物料在输送过程中所受压力随着物料与机壳间摩擦系数的增大而减小。主要原因在于，随着物料与机壳间摩擦系数的增大，物料的绕轴运动减弱，主要以轴向运动为主，从而减小轴向滞后，使得物料在整个输送过程中处于较为松散状态，因此所受压力减小。

从图 9-8 可以看出，物料所受压力随着螺旋叶片面摩擦系数的增大而增大。主要原因在于，f_b 增大，物料容易随叶片做圆周运动，增大轴向滞后，导致物料在整个输送长度上处于压缩状态，增大压力。

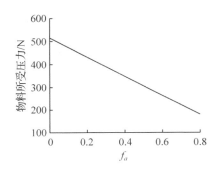

图 9-7　f_a 与压力的关系　　　　图 9-8　f_b 与压力的关系

　　综上分析，在实际设计过程中适当的增大机壳的摩擦系数利于提高输送效率，但是，摩擦系数过大会导致以下不利因素：一方面，加大螺旋输送装置的输送能量消耗；另一方面，随着摩擦力的增大，机壳的磨损也会加大。因此实际设计过程中应综合考虑。

　　（7）松密度对物料所受压力的影响

　　将相关参数代入式（8-71）得到揉碎玉米秸秆的松密度与物料所受压力的关系曲线，如图 9-9 所示。从图上可以看出，在螺旋输送装置的结构参数和运动参数一定的情况下，物料所受压力随着松密度的增大而增大。

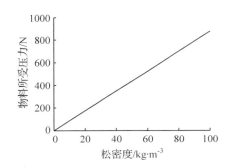
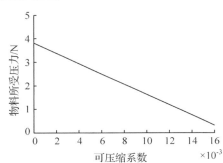

图 9-9　物料松密度与压力的关系　　　图 9-10　压力与物料可压缩系数的关系

　　（8）物料可压缩系数对物料所受压力的影响

　　图 9-10 是物料的可压缩系数对物料所受压力的影响曲线。从图上可以看出，随着物料可压缩系数的增大，物料所受压力减小。

9.2 螺旋叶片和机壳压力测试试验

9.2.1 试验台的设计

9.2.1.1 螺旋输送装置试验台的设计

项目组研制了如图 9-11 所示的水平螺旋输送装置输送性能试验台，其输送长度 2500mm、螺旋叶片外径 250mm、中心轴直径 60mm、螺距可调，本文选取 160mm、200mm、250mm、300mm 4 种螺距，其中螺距 250mm 为标准螺距，螺旋叶片与机壳之间的间隙 5~8mm，螺旋轴转速可调。

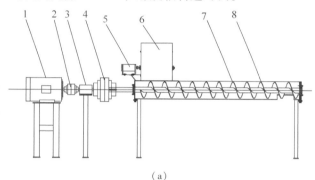

(a)　　　　　　　　　　　　　　(b)

图 9-11　螺旋输送装置试验台示意
(a)螺旋输送试验装置结构示意　(b)螺旋输送试验装置
1. 电动机　2. 联轴器　3. 转速扭矩测量仪　4. 联轴器
5. 单相直流调速电动机　6. 喂料器　7. 外壳　8. 螺旋轴

试验台工作原理：试验时，电动机驱动螺旋轴旋转，利用深川市康泰科技有限公司生产的 CNT800—4T0075G 型多功能全数字式变频器控制电动机的转速。物料由喂料器进入螺旋输送装置，通过改变调速电动机 5 的转速控制喂入量。当螺旋轴转动时，螺旋槽内的物料将会受到螺旋叶片的法向推力和切向摩擦力作用，同时还会受到螺旋轴和侧壁轴向和周向摩擦力作用。在上述合力的作用下，物料在螺旋槽内将形成类螺旋运动。

9.2.1.2 喂料器的设计及性能试验

试验物料采用揉碎后玉米秸秆，揉碎后的玉米秸秆属于形状不规则、柔软、蓬松、各向异性、流动性差的柔性体群，因此，其在螺旋输送过程中存在的主要问题之一是喂料均匀连续性不理想，导致螺旋槽内的填充率及下料量不稳定，严重影响螺旋输送装置的输送性能以及后期处理效果。因此，本项目设计了一种适合揉碎玉米秸秆喂料特性的辅助喂料器，对该类细碎化处理后物料的生产具有实际意义。

（1）喂料器的设计

本项目设计了弹齿式喂料器，其结构如图 9-12 所示。主要包括：支架 1、电动机架子 2、120W 单项直流调速电动机 3、弹性联轴器 4、轴承 5、喂料斗 6、挡板 7、弹齿 8、旋转轴 9 组成。

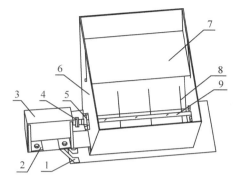

图 9-12　喂料器示意
1. 支架　2. 电动机架子　3. 120W 单项直流调速电动机　4. 弹性联轴器　5. 轴承　6. 喂料斗　7. 挡板　8. 弹齿　9. 旋转轴

设计依据：在生产中，螺旋输送装置所输送的揉碎玉米秸秆含水率通常低于 70%。通过预试验发现含水率为 70% 的揉碎玉米秸秆与钢板之间的摩擦角小于 45°，因此选择辅助喂料器的一面做成倾角为 45° 的斜面，其他 3 个面均垂直于水平面。喂料斗内设有可升降的挡板。

喂料器的工作原理：由调速器控制电动机的转速，电动机驱动旋转轴旋转，固定在旋转轴上的弹齿随之转动。将物料从喂料斗的斜面、两个垂直面和挡板所围成的喂入口喂入。物料在本身的重力作用下沿着斜面下滑，弹齿旋转并将物料喂入螺旋输送装置内。通过挡板的升降，调整喂入口的大小，从而控制喂入量，同时也可避免过多的物料进入喂料斗中，导致弹齿卡死。

（2）喂料器的喂料性能试验

将喂料器固定在螺旋输送装置的喂料端，如图 9-13 所示。

在螺旋叶片的螺距为 250mm，螺旋轴转速为 58 r·min^{-1}，揉碎玉米秸秆的平均含水率为 52.87% 的情况下，两种喂料方式对输送量的影响情况如图 9-14 所示。从图上可以看出，手工喂料时输送量的波动较大，使用自行研制的弹齿式辅助喂料器喂料时能实现较为均匀连续喂料，物料的下料量随时间平稳上升，但不是理想的线性关系。原因是，物料的轴向滞后和填充率受物料特征参数及输送装置运动参数的影响，无法达到理想状态，通常用轴向滞后系数和填充系数来修正。

图 9-13　螺旋输送装置试验台

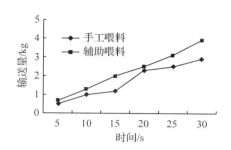

图 9-14　喂料方式对输送量的影响

通过试验分析可知，辅助喂料器能实现揉碎玉米秸秆的均匀连续喂料。在实际应用过程中，由于物料的力学特性、含水率以及喂入量的要求不同，每次试验前需要对喂料器的喂入量进行标定。

9.2.2　研究内容

通过以上分析，建立了揉碎玉米秸秆在螺旋输送装置内输送过程中所受压力的数学模型，并对模型进行理论计算，分析了相关参数对物料所受压力的影响规律。但由于建立压力模型时对物料本身及其运动过程进行了一些假设，忽略了揉碎玉米秸秆本身的复杂特性，因此模型与实际存在一定的差异。为了验证所建压力模型，在各种工作参数下进行试验研究。

研究内容：测试揉碎玉米秸秆在螺旋输送装置内输送过程中所受压力很难实现，为了近似反应物料所受压力的大小及随相关参数的变化规律，本项目组在螺旋输送装置试验台上布置了柔性薄膜压力测试系统，测试了不同工况下螺旋叶片和机壳各部位所受压力。

9.2.3　试验材料与方法

9.2.3.1　试验材料

由于加工揉碎玉米秸秆时含水率通常在 70% 以内，因此选择经过 9R-40 型揉碎机揉碎后的玉米秸秆，揉碎后物料长度小于 180mm，宽度 2~8mm，平均含水率为 44%。

9.2.3.2　试验系统

对于螺旋叶片来讲其表面是曲面，工作时旋转，使用普通的压力传感器无法满足测试要求，因此，本文研究选用了一种柔性薄膜压力传感器，对叶片面和机壳所受压力进行测试。薄膜压力传感器由于其测试精度高、且本身足够薄、又具有较好的柔韧性，因此易于贴合在曲面上测试其受到的压力。

20 世纪 60 年代，荷兰和法国学者先后提出了薄膜压力传感器的研发思想，即利用薄膜技术将应变电阻直接安装在弹性材料上，代替粘贴应变片这一环节，取代粘贴应变式传感器和机械式传感器。

20 世纪 70 年代中期，美国和法国分别报道了有人利用阴极蒸发等工艺制造薄膜式压力传感器的技术成果。

20 世纪 80 年代之后，有德国和俄罗斯等国家也相继报道了利用磁控溅射等方法制造薄膜传感器的成果，薄膜传感器的优良性能得到世界传感器行业的公认。

20 世纪 90 年代起，我国利用离子束溅射镀膜技术开始了薄膜压力传感器的研究，这种新型的传感器主要是为我国航天、航空、军事装备等领域应用而开发的。随着工艺技术的日趋成熟，薄膜式压力传感器已实现批量生产，产品主要应用于航空、航天、油井、化工等领域。

近年来我国薄膜式传感器技术有了长足的进步，并且该类传感器在汽车电子（用于汽车行业内车门分布压力的测试、雨刷压力的测试、座椅压力分布的测试、汽车轮胎与地面的接触压力分布的测试）、医疗设备（牙齿咬合力的测试）、工业、机器人技术等人机触摸控制电子设备领域得以广泛应用。在实际工程中，根据用户的需求可研制单点、多点以及多种形状和尺寸的薄膜传感器。薄膜压力传感器定制测量系统模块如图 9-15 所示。

本研究根据测试需要对薄膜压力传感器测试系统进行了改造，得到了如图 9-16 所示的测试系统。

9.2.3.3 测试系统的选择

在螺旋输送装置工作过程中，螺旋叶片随着螺旋轴的旋转进行转动，给传感器的信号输出带来很大困难，因此，本项目选用了苏州长显光电科技有限公司研制的无线薄膜压力传感器及配套使用的采集仪和接收器，测试系统如图 9-17 所示。

由于揉碎玉米秸秆的物理性质，其输送过程中施加给螺旋叶片和机壳的力随机性较大，为了能够更真实地反映叶片和机壳的受力情况，选择 8 通道测试系统。该系统是在一个数据采集系统上可以同时连接 8 个薄膜式压力传感器，并将采集到的信号通过无线发射器传到计算机上。对应的信号采集软件同时显示并记录 8 通道的数据。

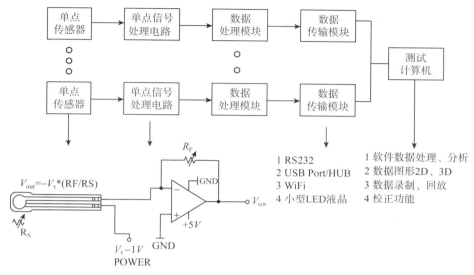

图 9-15　定制测试系统

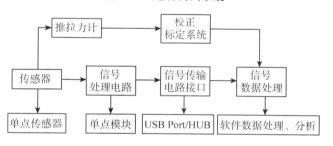

图 9-16　薄膜式压力测试系统

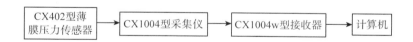

图 9-17　螺旋叶片所受压力测试系统结构框

9.2.3.4　薄膜式压力传感器的选择

薄膜式压力传感器的主要组成部分从上到下分别是背胶、顶层基材、隔离膜和底部基材，传感器及其分解图如图 9-18 所示。传感器的形状和尺寸可以根据用户的需求进行设计。薄膜式压力传感器固定时可以弯曲，但是如果发生扭曲就会使测试产生初始值，影响测试精度。因此，根据测试对象螺旋叶片和机壳的高度及形状，选择了感应区直径为 8mm、20mm 和 30mm 3 种尺寸的圆形薄膜式压力传感器和

图 9-18 薄膜式压力传感器

36mm×36mm 的正方形薄膜式压力传感器。根据预实验发现，正方形传感器由于其尺寸较大，并且底部基材较硬，固定时易产生扭曲。直径为 8mm 的薄膜式压力传感器尺寸小，易于在曲面上安装固定。但是由于揉碎玉米秸秆在输送过程中较为松散，物料间存在间隙，故用该类传感器测到的压力多数为零，不能真实地反映曲面的受力情况。直径为 20mm 和 30mm 的圆形传感器易于安装固定，测到的数据较稳定，因此选择了以上 2 种尺寸的薄膜式压力传感器。

薄膜式压力传感器的性能参数见表 9-1。

表 9-1 薄膜式压力传感器的性能参数

指标	测量范围/N	灵敏度/N	厚度/mm	温度范围/℃	线性度/%	响应时间/ms
参数	0~200	0.5	0.2~0.3	−9~70	±3	<5

9.2.3.5 传感器的标定及布置

薄膜式压力传感器使用时应注意的事项有：

①标定压力应接近实际测试的压力。

②标定压力应避免接近传感器饱和时的量程。

③标定压力应尽可能均匀地分布在整个测试区以确保准确的压力读数。测量压力分布发生变化，测量的读数可能有所不同。

④为了确保准确性，标定传感器时尽量在传感器实际测量时的温度下进行。如果传感器用在不同的温度下测量，应分别在这些温度下进行标定，保存标定文件，在相应的温度下使用传感器时需加载合适的标定文件进行测量。

根据上述要求，利用乐清市艾德保仪器有限公司生产的 HP-2K 型数显式推拉力计分别对 8 个通道的传感器进行标定，如图 9-19 所示。将标定好的传感器贴在选定的螺旋叶片和机壳表面上。

螺旋叶片上的布置方法：为了保证测试结果的准确性，螺旋叶片上选择了 3 个层面进行测试，分别是螺旋输送装置喂料端、中间端和出料口处 3 个位置，螺旋叶片内缘处（距中心轴 40mm）、平均直径处（距中心轴 77.5mm）和外缘处（距中心轴 109mm）各布置 4 个传感器。为了避免传感器安装时产生扭曲，在叶片曲率较大的区域（叶片内缘处）采用直径为 20mm 的薄膜式压力传感器，曲率较小的区域（外缘和平均直径处）采用直径为 30mm 的薄膜传感器对叶片所受压力进行实时测，试传感器布置如图 9-20 所示。

图 9-19　传感器标定图

1. 软件界面　2. 信号接收器　3. 数显式推拉力计　4. 薄膜传感器　5. 信号发射器

（a）　　　　　　　　　（b）　　　　　　　　　（c）

图 9-20　叶片上传感器的布置图

（a）布置在半径 40 mm 处　（b）布置在半径 77.5 mm 处　（c）布置在半径 109 mm 处

机壳上的布置方法：为了测试机壳不同部位所受压力，将其分成 I 和 II 两个区域，每个区域包括竖直和圆弧段，机壳截面图如图 9-21 所示。将薄膜式压力传感器布置在上述不同区域内选定的界面上，每个区域内布置感应区直径为 30mm 的两个传感器，取平均值作为最终的结果，传感器布置如图 9-22 所示。

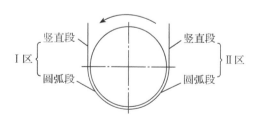

图 9-21　机壳截面图

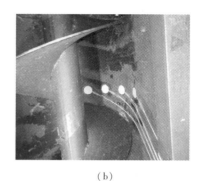

（a）　　　　　　　　　　　　　　　　（b）

图9-22　机壳上传感器的布置图

（a）Ⅰ区内布置薄膜传感器　　（b）Ⅱ区内布置薄膜传感器

9.2.3.6　试验因素水平的选择

本节研究主要通过试验研究螺距、螺旋轴转速和喂入量对叶片和机壳压力的影响。试验需要在螺旋输送装置稳定运行的基础上进行，因此首先对输送装置进行稳定性分析。

当螺旋轴转速稳定时，通过喂料机构将物料较为均匀连续地喂入螺旋槽内，测试输送量，每次测试时间为10 s，测试次数为20次。不同工况下螺旋输送装置输送量试验方差分析结果见表9-2。

表9-2　输送量的方差分析

工况定量	变量	数值	输送量最大值 /kg·s^{-1}	输送量最小值 /kg·s^{-1}	输送量平均值 /kg·s^{-1}	标准差
螺距250 mm 喂入量 70kg·min^{-1}	螺旋轴 转速 /r·min^{-1}	58	8	6.8	7.35	0.38
		87	9.9	8.5	8.96	0.29
		117	11.1	9.8	10.52	0.47
		148	11	7	9.17	0.94
螺距250mm 螺旋轴转速 117r·min^{-1}	喂入量 /kg·min^{-1}	10	4.5	3	3.73	0.44
		30	5.2	4	4.78	0.3
		50	7.2	6	6.69	0.38
		70	11.1	9.8	10.52	0.47
螺旋轴转速 117r·min^{-1} 喂入 70kg·min^{-1}	螺距/mm	160	3	1	1.72	0.49
		200	6	4	5.06	0.46
		250	8	6.8	7.35	0.38
		300	10.7	8.8	9.7	0.45

从表 9-2 可以看出，当螺距 160~300mm，喂入量 10~70 kg·min^{-1} 时，输送装置的输送量波动较小，输送稳定性良好。螺旋轴转速在 58~117 r·min^{-1} 时，输送装置的输送量波动较小，当螺旋轴转速达到 148 r·min^{-1} 时，输送量波动变大，流量不稳定。综上所述，螺旋轴转速是影响输送稳定性的主要因素。

参照一般螺旋输送装置的设计与理论，螺距选定在 $(0.5~1.2)D(D$ 为螺旋叶片外径) 范围内。该文选择了 160mm、200mm、250mm、300mm 4 个螺距。螺旋轴转速选择了 58~148 r·min^{-1} 作为试验转速，各因素的水平见表 9-3。

表 9-3　试验因素水平

水平	因素		
	螺距 S/mm	转速 n/(r·min^{-1})	喂入量 Φ/(kg·min^{-1})
1	160	58	10
2	200	87	30
3	250	117	50
4	300	148	70

9.2.3.7　试验工况

根据试验目的确定了 3 个工况，如下：

工况 1：螺旋轴转速 58 r·min^{-1}，喂入量 70 kg·min^{-1}，分别对 4 种不同螺距下叶片和机壳各部位所受压力进行测试，测试时间 10s。

工况 2：喂入量 70 kg·min^{-1}，螺距 250mm，分别对 4 种不同转速下叶片和机壳所受压力进行测试，测试时间 10s。

工况 3：螺距 250mm，螺旋轴转速 117 r·min^{-1}，分别对 4 种不同喂入量下叶片和机壳所受压力值进行测试，测试时间 10s。

9.2.4　试验结果与分析

通过预试验发现，螺旋叶片和机壳不同部位所受压力随机性较大，数据的分散程度较高，因此，根据数据的分布情况将其从小到大分成 5 组，分别是 0~10N、11~20N、31~40N、41~50N，并利用 SPSS 软件对数据进行统计分析，计算每个区间段数据的总数占整个测试数据总数的百分比。由于揉碎玉米秸秆的特殊性质，在实际测试过程中还出现了压力较高和较低值，如 100N 左右或小于 5N，但是数据出现的次数少，所占百分比很低，因此整理数据时剔除了该部分数据。对试验数据进行统计分析，结果见表9-4～表9-9。

（1）螺距对压力的影响分析

当螺旋轴转速为 58 r·min^{-1}，喂入量为 70 kg·min^{-1} 时，不同螺距下螺旋叶片和机壳不同部位所受压力的数据见表9-4和表9-5。

表9-4　不同螺距叶片所受压力

螺距 S/mm	测试位置	测试点到中心轴的距离 /mm	压力在 0~10 N 占百分比/%	压力在 11~20 N 占百分比/%	压力在 21~30 N 占百分比/%	压力在 31~40 N 占百分比/%	压力在 41~50 N 占百分比/%
160	喂料端	40	100	0	0	0	0
		77.5	69.6	15.4	7	2	6
		109	64.1	15.8	8	3.7	8.4
	中间位置	40	100	0	0	0	0
		77.5	63.4	16.8	8	3.9	7.9
		109	65.2	9.7	10	5.1	10
	出料口	40	100	0	0	0	0
		77.5	55.9	14.4	11.4	9.6	8.7
		109	51.3	10.4	12.4	13	12.9
200	喂料端	40	100	0	0	0	0
		77.5	65.4	15.9	8	3	7.7
		109	60.9	16.7	9	4.1	9.3
	中间位置	40	100	0	0	0	0
		77.5	60.8	17.5	9	4.5	8.2
		109	59.4	10.9	11.2	6.8	11.7
	出料口	40	100	0	0	0	0
		77.5	52.3	15.7	12.5	10.4	9.1
		109	46	11.9	13.7	14.6	13.8
250	喂料端	40	100	0	0	0	0
		77.5	62.6	17	8.9	3.4	8.1
		109	58.1	17	9.8	4.6	10.5
	中间位置	40	100	0	0	0	0
		77.5	60	18	9	4	9
		109	52	10.5	13.6	10.1	13.8
	出料口	40	100	0	0	0	0
		77.5	47	10.2	13.8	14	15
		109	40.9	10.2	14	16.6	18.3

（续）

螺距 S/mm	测试位置	测试点到中心轴的距离/mm	压力在 0~10 N 占百分比/%	压力在 11~20 N 占百分比/%	压力在 21~30 N 占百分比/%	压力在 31~40 N 占百分比/%	压力在 41~50 N 占百分比/%
	喂料端	40	97	3	0	0	0
		77.5	49.1	15.5	12	11.8	11.6
		109	44.2	11.8	11.4	12.3	20.3
300	中间位置	40	92	8	0	0	0
		77.5	41.8	15.9	14.9	12	15.4
		109	30	16.5	17.5	13.9	22.1
	出料口	40	89	11	0	0	0
		77.5	41	14	15	14	16
		109	32	13	15	17	23

表 9-5　不同螺距机壳所受压力

螺距 S/mm	测试位置	测试区域	压力在 0~10 N 占百分比/%	压力在 11~20 N 占百分比/%	压力在 21~30 N 占百分比/%	压力在 31~40 N 占百分比/%	压力在 41~50 N 占百分比/%
	喂料端	Ⅰ竖直段	60	20	10.5	7.2	2.3
		Ⅰ圆弧段	14.1	38	26.6	15.4	5.9
		Ⅱ竖直段	68.4	18.6	4.9	6.2	1.9
		Ⅱ圆弧段	29.6	36.2	17.7	11.6	4.9
160	中间位置	Ⅰ竖直段	51.6	22	11.2	11.3	3.9
		Ⅰ圆弧段	7.2	40	27.2	18.3	7.3
		Ⅱ竖直段	59	21.9	7.4	9.3	2.4
		Ⅱ圆弧段	24.9	39.2	18.6	12.2	5.1
	出料口	Ⅰ竖直段	41.7	25.5	15.2	12.9	4.7
		Ⅰ圆弧段	0.5	40.2	28.2	22.7	8.1
		Ⅱ竖直段	48.5	25.2	10.4	11.5	4.4
		Ⅱ圆弧段	14.4	40.2	22.7	16.4	6.3
	喂料端	Ⅰ竖直段	63.8	18.2	9.4	6.6	2
		Ⅰ圆弧段	22.6	37.2	25.2	10.7	4.3
		Ⅱ竖直段	73.3	16.3	3.5	5.4	1.5
200		Ⅱ圆弧段	38.2	32.3	15.8	10.1	3.6
	中间位置	Ⅰ竖直段	56.5	21.1	10.4	9.9	2.1
		Ⅰ圆弧段	16.4	38.2	25.9	14.3	5.2
		Ⅱ竖直段	63.8	20.1	5.4	8.9	1.8
		Ⅱ圆弧段	31.4	35.1	17.9	11.5	4.1

（续）

螺距 S/mm	测试位置	测试区域	压力在 0~10 N 占百分比/%	压力在 11~20 N 占百分比/%	压力在 21~30 N 占百分比/%	压力在 31~40 N 占百分比/%	压力在 41~50 N 占百分比/%
200	出料口	Ⅰ竖直段	49.2	23.3	12.8	10.8	3.9
		Ⅰ圆弧段	9.4	39.9	25.9	17.6	7.2
		Ⅱ竖直段	57.9	20.7	8.3	10.1	3
		Ⅱ圆弧段	23.3	36.7	20.2	14.7	5.1
250	喂料端	Ⅰ竖直段	72	16.5	6.6	3.7	1.2
		Ⅰ圆弧段	31.8	34.5	20.5	9.6	3.6
		Ⅱ竖直段	78.3	14.1	2.4	4.1	1.1
		Ⅱ圆弧段	44.2	30.9	13.2	9.2	2.5
	中间位置	Ⅰ竖直段	59.8	20.4	8.8	9.3	1.7
		Ⅰ圆弧段	26.3	36.6	20.7	12.2	4.2
		Ⅱ竖直段	66.7	19.8	3.9	8.4	1.2
		Ⅱ圆弧段	37.5	33.1	15.8	9.9	3.7
	出料口	Ⅰ竖直段	55.6	21.1	9.4	10.4	3.5
		Ⅰ圆弧段	19.7	37.7	22.6	14.4	5.6
		Ⅱ竖直段	62.1	19.8	5.9	9.3	2.9
		Ⅱ圆弧段	31.1	33.6	18.7	11.7	4.9
300	喂料端	Ⅰ竖直段	73.6	18.4	4.5	2.6	0.9
		Ⅰ圆弧段	39.9	30.4	18.4	8.4	2.9
		Ⅱ竖直段	86	10.2	0.9	2.2	0.7
		Ⅱ圆弧段	53	26.7	10.8	7.7	1.8
	中间位置	Ⅰ竖直段	64.2	19.4	7.7	7.4	1.3
		Ⅰ圆弧段	34.8	35.4	17.1	9.4	3.3
		Ⅱ竖直段	74	16.5	1.3	7.1	1.1
		Ⅱ圆弧段	43.1	32.8	12.7	8.9	2.5
	出料口	Ⅰ竖直段	59.1	19.8	8.5	9.9	2.7
		Ⅰ圆弧段	30.7	36.4	18	10.3	4.6
		Ⅱ竖直段	69.9	17.2	2.5	8.3	2.1
		Ⅱ圆弧段	41.5	30.3	15.5	9.5	3.2

从表9-4可知，在螺旋轴转速和喂入量一定的情况下，随着螺距的增大，叶片受到较大压力的比率增加。在同一个螺距下，越靠螺旋叶片外缘，螺旋叶片受到的压力越大。同一螺旋输送装置不同位置的螺旋叶片压力也不同，越接近出料口，叶片各部位所受压力越大。

从表9-5可知，随着螺距的增大，机壳各部位所受较大压力的比率降低。在螺距一定的情况下，同一个区内圆弧段的受力比竖直段大；对不同区来讲，Ⅰ区内竖直段和圆弧段所受压力分别比Ⅱ区内的大。同一螺旋输送装置不同位置的机壳压力也不同，越接近出料口，机壳各部位所受压力越大。由式(8-4)可知，螺旋叶片不同半径处的螺旋升角不同，因此所受压力也不同。在螺旋轴转速和喂入量一定的情况下，随着螺距的增大，螺旋槽内的空间变大，揉碎玉米秸秆间的相互挤压程度减弱，物料在较为松散的状态下运动，故施加给机壳的压力减小。在螺距和喂入量一定的情况下，物料的运动速度随着输送长度的增加而减小，因此在输送方向上逐渐堆积。物料的堆积量越大，螺旋槽内物料的密度越大，施加给叶片和机壳的压力越大。物料在螺旋叶片和中心轴的摩擦力作用下不断从Ⅱ区翻过中心轴到Ⅰ区，使得Ⅰ区内物料的密度增大，施加于该区内机壳的压力增大。

（2）转速对压力的影响分析

当螺距为250mm，喂入量为70 kg·min⁻¹时，不同转速下螺旋叶片和机壳不同部位所受压力的数据见表9-6和表9-7。

表9-6　不同转速叶片所受压力

转速 /r·min⁻¹	测试位置	测试点到中心轴的距离 /mm	压力在 0~10 N 占百分比/%	压力在 11~20 N 占百分比/%	压力在 21~30 N 占百分比/%	压力在 31~40 N 占百分比/%	压力在 41~50 N 占百分比/%
58	喂料端	40	100	0	0	0	0
		77.5	62.6	17	8.9	3.4	8.1
		109	58.1	17	9.8	4.6	10.5
	中间位置	40	100	0	0	0	0
		77.5	60	18	9	4	9
		109	52	10.5	13.6	10.1	13.8
	出料口	40	100	0	0	0	0
		77.5	47	10.2	13.8	14	15
		109	40.9	10.2	14	16.6	18.3
87	喂料端	40	100	0	0	0	0
		77.5	60.2	17.3	9.5	3.8	9.2
		109	51.2	19	11.4	5.5	12.9
	中间位置	40	100	0	0	0	0
		77.5	57	17	10.9	4.9	10.2
		109	49.3	10.2	14	11.6	14.9
	出料口	40	100	0	0	0	0
		77.5	41.2	10.6	15.8	15.4	17
		109	31.1	13.3	16.7	18.4	20.5

(续)

转速 /r·min⁻¹	测试位置	测试点到中心轴的距离 /mm	压力在 0~10 N 占百分比/%	压力在 11~20 N 占百分比/%	压力在 21~30 N 占百分比/%	压力在 31~40 N 占百分比/%	压力在 41~50 N 占百分比/%
117	喂料端	40	100	0	0	0	0
		77.5	57.3	18.3	9.7	4.7	10
		109	46.3	19.9	14.8	6	13
	中间位置	40	100	0	0	0	0
		77.5	52.2	18	11	5.7	13.1
		109	40.9	12.2	17.6	14	15.3
	出料口	40	100	0	0	0	0
		77.5	28.8	17.2	18	16	20
		109	22	19.2	19.2	17.6	22
148	喂料端	40	93	2	5	0	0
		77.5	55.3	19.4	10.2	5.1	10
		109	42.5	20.6	15.6	7.6	13.7
	中间位置	40	90	3	7	0	0
		77.5	39.4	23.5	14.4	8.3	14.4
		109	22.2	18	23.1	18	18.7
	出料口	40	88	4	8	0	0
		77.5	14.1	19.5	23.3	16.3	26.8
		109	16.7	20.3	18.2	20.8	24

表 9-7 不同转速机壳所受压力

转速 /r·min⁻¹	测试位置	测试区域	压力在 0~10 N 占百分比/%	压力在 11~20 N 占百分比/%	压力在 21~30 N 占百分比/%	压力在 31~40 N 占百分比/%	压力在 41~50 N 占百分比/%
58	喂料端	Ⅰ竖直段	72	16.5	6.6	3.7	1.2
		Ⅰ圆弧段	31.8	34.5	20.5	9.6	3.6
		Ⅱ竖直段	78.3	14.1	2.4	4.1	1.1
		Ⅱ圆弧段	44.2	30.9	13.2	9.2	2.5
	中间位置	Ⅰ竖直段	59.8	20.4	8.8	9.3	1.7
		Ⅰ圆弧段	26.3	36.6	20.7	12.2	4.2
		Ⅱ竖直段	66.7	19.8	3.9	8.4	1.2
		Ⅱ圆弧段	37.5	33.1	15.8	9.9	3.7
	出料口	Ⅰ竖直段	55.6	21.1	9.4	10.4	3.5
		Ⅰ圆弧段	19.7	37.7	22.6	14.4	5.6
		Ⅱ竖直段	62.1	19.8	5.9	9.3	2.9
		Ⅱ圆弧段	31.1	33.6	18.7	11.7	4.9

（续）

转速/r·min⁻¹	测试位置	测试区域	压力在 0~10 N 占百分比/%	压力在 11~20 N 占百分比/%	压力在 21~30 N 占百分比/%	压力在 31~40 N 占百分比/%	压力在 41~50 N 占百分比/%
87	喂料端	Ⅰ竖直段	69.6	17.2	7	4.1	2.1
		Ⅰ圆弧段	27.7	35	23.2	10.1	4
		Ⅱ竖直段	75.1	15.5	3.8	4.1	1.5
		Ⅱ圆弧段	39.8	32	15.2	9.7	3.3
	中间位置	Ⅰ竖直段	55	22.4	9.8	10.3	2.5
		Ⅰ圆弧段	18.5	38.9	24.5	13	5.1
		Ⅱ竖直段	64	20	4.3	9.5	2.2
		Ⅱ圆弧段	31	34.9	20.1	10	4
	出料口	Ⅰ竖直段	49.4	24.5	10.4	11.5	4.2
		Ⅰ圆弧段	14.4	39.1	25	15.2	6.3
		Ⅱ竖直段	57.7	22	6.4	10.9	3
		Ⅱ圆弧段	24.6	36.9	21	12.4	5.1
117	喂料端	Ⅰ竖直段	66.9	18.3	7.5	4.9	2.4
		Ⅰ圆弧段	23.9	35.8	24.2	11	5.1
		Ⅱ竖直段	73.7	16	4.2	4.4	1.7
		Ⅱ圆弧段	36.6	33	16.4	10	4
	中间位置	Ⅰ竖直段	52.6	23.2	10	11.2	3
		Ⅰ圆弧段	15.2	39	25.1	14.7	6
		Ⅱ竖直段	61.1	20.8	5.2	10	2.9
		Ⅱ圆弧段	25	36	22.4	12	4.6
	出料口	Ⅰ竖直段	46.3	25	11.9	12	4.8
		Ⅰ圆弧段	11.1	40	26	15.9	7
		Ⅱ竖直段	55.1	23	7.4	11	3.5
		Ⅱ圆弧段	19.9	37.8	23.3	13	6
148	喂料端	Ⅰ竖直段	63.8	20	8	5.2	3
		Ⅰ圆弧段	19	36	25.8	13	6.2
		Ⅱ竖直段	70.6	17	5.3	4.9	2.2
		Ⅱ圆弧段	31.8	34	17	11.8	5.4
	中间位置	Ⅰ竖直段	49.1	24	11	12	3.9
		Ⅰ圆弧段	11.2	40	26	15.3	7.5
		Ⅱ竖直段	58.6	21	6.4	11	3
		Ⅱ圆弧段	20.1	37.3	23.5	13.1	6
	出料口	Ⅰ竖直段	40.6	27	13.1	14	5.3
		Ⅰ圆弧段	0	44	29.3	17.4	9.3
		Ⅱ竖直段	47.2	25	10.3	13.5	4
		Ⅱ圆弧段	10.2	41.4	25.8	14.6	8

从表9-6可以看出，随着螺旋轴转速的增加，相同位置处螺旋叶片各个面和不同位置处螺旋叶片同一面受到较大压力所占百分比增加，但叶片面上的压力分布规律与螺距试验得到的规律基本一致。

从表9-7可知，随着螺旋轴转速的增加，机壳各部位所受压力增大，而在整个面积上受力分布规律不变。综上分析，试验得到的结论与理论计算结果（图9-1、图9-2、图9-4）一致。在螺距和喂入量一定的情况下，螺旋轴转速在58~148 r·min^{-1}的范围内，随着螺旋轴转速的增加，揉碎玉米秸秆在螺旋槽内运动的随机性增大，物料间的相互挤压缠绕程度增强，导致物料密度的增大。从以上理论分析可知，密度的变化是压力的起源，因此物料所受压力增大，而螺旋输送装置的相关理论未反映这一点。

（3）喂入量对压力的影响分析

当螺距为250mm，螺旋轴转速为58 r·min^{-1}时，不同喂入量下螺旋叶片和机壳不同部位所受压力的数据见表9-8和表9-9。

表9-8 不同喂入量叶片所受压力

喂入量 /kg·min^{-1}	测试位置	测试点到中心轴的距离 /mm	压力在 0~10 N 占百分比/%	压力在 11~20 N 占百分比/%	压力在 21~30 N 占百分比/%	压力在 31~40 N 占百分比/%	压力在 41~50 N 占百分比/%
10	喂料端	40	100	0	0	0	0
		77.5	92	5	3	0	0
		109	85	8	5	2	0
	中间位置	40	100	0	0	0	0
		77.5	85	5.5	4.5	3	2
		109	75	10	6	5	4
	出料口	40	100	0	0	0	0
		77.5	70.1	9	7.9	7	6
		109	63.1	11	10	8	7.9
30	喂料端	40	100	0	0	0	0
		77.5	73.7	10	5.4	4	6.9
		109	70.4	11	7.6	3.9	7.1
	中间位置	40	100	0	0	0	0
		77.5	72.6	11	5	4	7.4
		109	58.7	11.3	10.9	7.8	11.3
	出料口	40	100	0	0	0	0
		77.5	57.2	11	12	10.8	9
		109	48.5	11.4	12.8	12.3	15

（续）

喂入量 /kg·min⁻¹	测试位置	测试点到中心轴的距离 /mm	压力在 0~10 N 占百分比/%	压力在 11~20 N 占百分比/%	压力在 21~30 N 占百分比/%	压力在 31~40 N 占百分比/%	压力在 41~50 N 占百分比/%
50	喂料端	40	100	0	0	0	0
		77.5	72.5	9.7	7.6	3	7.2
		109	67.3	10.5	8.4	4	9.8
	中间位置	40	100	0	0	0	0
		77.5	69.7	12.3	5.4	4	8.6
		109	56.1	10	12	9	12.9
	出料口	40	100	0	0	0	0
		77.5	48.9	9.5	13	13.9	14.7
		109	45.7	10	12.8	15.5	16
70	喂料端	40	100	0	0	0	0
		77.5	58	18	9.9	4.7	9.4
		109	54.1	18	10.6	5.8	11.5
	中间位置	40	100	0	0	0	0
		77.5	56	19	10	5	10
		109	50	10.5	13.6	11.1	14.8
	出料口	40	100	0	0	0	0
		77.5	45	11.2	13.8	14	16
		109	36.9	12.5	15	17.1	18.5

表 9-9　不同喂入量机壳所受压力

喂入量 /kg·min⁻¹	测试位置	测试区域	压力在 0~10 N 占百分比/%	压力在 11~20 N 占百分比/%	压力在 21~30 N 占百分比/%	压力在 31~40 N 占百分比/%	压力在 41~50 N 占百分比/%
10	喂料端	Ⅰ竖直段	100	0	0	0	0
		Ⅰ圆弧段	91	6	3	0	0
		Ⅱ竖直段	100	0	0	0	0
		Ⅱ圆弧段	97	3	0	0	0
	中间位置	Ⅰ竖直段	98	2	0	0	0
		Ⅰ圆弧段	81.6	10	5	3.4	0
		Ⅱ竖直段	98	2	0	0	0
		Ⅱ圆弧段	87	7	4	2	0
	出料口	Ⅰ竖直段	93	3	4	0	0
		Ⅰ圆弧段	71	15	8	5	1
		Ⅱ竖直段	91	5	1	3	0
		Ⅱ圆弧段	82	10	6	2	0

（续）

喂入量 /kg·min^{-1}	测试位置	测试区域	压力在 0~10 N 占百分比/%	压力在 11~20 N 占百分比/%	压力在 21~30 N 占百分比/%	压力在 31~40 N 占百分比/%	压力在 41~50 N 占百分比/%
30	喂料端	I 竖直段	90.8	6	2.2	1	0
		I 圆弧段	79.9	12	5.3	2.3	0.5
		II 竖直段	96	4	0	0	0
		II 圆弧段	84	10	3	1	0
	中间位置	I 竖直段	83.2	8.5	4	4.3	0
		I 圆弧段	71	15	7.5	5.5	1
		II 竖直段	94	5	1	0	0
		II 圆弧段	79.5	12	5	3	0.5
	出料口	I 竖直段	72.6	15	6	5.4	1
		I 圆弧段	59.5	20	12.4	6	2.1
		II 竖直段	84.6	10	2	3.4	0
		II 圆弧段	69.2	14.3	10.4	5	1.1
50	喂料端	I 竖直段	82.8	9.5	5.3	2.4	0
		I 圆弧段	62	20	12.5	4.5	1
		II 竖直段	90.2	6.3	2	1.5	0
		II 圆弧段	66.6	18.5	11	3.4	0.5
	中间位置	I 竖直段	76.7	10.4	6.2	6.3	0.4
		I 圆弧段	49.1	28.4	13.4	7.9	1.2
		II 竖直段	87.3	7.4	2.1	3.2	0
		II 圆弧段	63.8	19	10	6.2	1
	出料口	I 竖直段	63.4	18.3	7.4	8.1	2.8
		I 圆弧段	67	30	18.3	10.4	4.3
		II 竖直段	73.8	14.3	3.4	7.1	1.4
		II 圆弧段	52.2	20.4	15.3	8.9	3.2
70	喂料端	I 竖直段	72	16.5	6.6	3.7	1.2
		I 圆弧段	31.8	34.5	20.5	9.6	3.6
		II 竖直段	78.3	14.1	2.4	4.1	1.1
		II 圆弧段	44.2	30.9	13.2	9.2	2.5
	中间位置	I 竖直段	59.8	20.4	8.8	9.3	1.7
		I 圆弧段	26.3	36.6	20.7	12.2	4.2
		II 竖直段	66.7	19.8	3.9	8.4	1.2
		II 圆弧段	37.5	33.1	15.8	9.9	3.7
	出料口	I 竖直段	55.6	21.1	9.4	10.4	3.5
		I 圆弧段	19.7	37.7	22.6	14.4	5.6
		II 竖直段	62.1	19.8	5.9	9.3	2.9
		II 圆弧段	31.1	33.6	18.7	11.7	4.9

　　从表 9-8 可以看出，随着喂入量的增大，螺旋叶片外缘处和平均直径处所受压力增大，内缘处压力基本不变，主要集中在 0～10N 之间。分析得知，在螺距和螺旋轴转速一定的情况下，喂入量在 10～70 kg·min⁻¹的范围内变化时，试验数据和理论模拟曲线（图 9-1、图 9-2、图 9-6）有相似的变化规律。主要原因是：喂入量的增大使得螺旋槽内物料的密度增大。随着物料密度的增大，揉碎玉米秸秆间相互挤压、缠绕和摩擦力作用增大。在螺旋叶片的推力作用下物料处于压缩状态，对叶片和机壳的作用力变大，见表 9-9。

Chapter ten

第 10 章
揉碎玉米秸秆螺旋输送特征参数

通过理论分析可知，螺旋输送过程中，物料所受压力、生产率和功耗不仅与螺旋输送装置的结构参数和工作参数有关，还与揉碎玉米秸秆本身的力学特性有关，如物料与接触面间的摩擦系数、物料间内摩擦系数、松密度及物料的可压缩系数等。同时通过前面的理论分析，获得了物料的摩擦系数、物料的可压缩系数对物料所受压力的影响规律。为了了解揉碎玉米秸秆本身的物理特性以及对输送性能的影响情况，并验证理论模拟结果，在此，本研究对揉碎玉米秸秆的摩擦系数、松密度和可压缩系数进行试验研究。

10.1 揉碎玉米秸秆的摩擦系数

揉碎玉米秸秆是一类特殊的粘弹性体，物料群体的性质与单个物料的性质有很大的差异，物料的物理特性随着物料本身的尺寸、含水率以及密度的变化而发生变化。国内学者房欣、陈海涛等通过试验研究了不同含水率的大豆秸秆与不同材料间的滑动摩擦特性以及含水率对水稻秸秆流动力学特性的影响情况。本研究参考以上研究中的测试方法，对揉碎玉米秸秆的摩擦系数进行测试试验。探讨揉碎玉米秸秆的含水率和密度对其与钢板间的摩擦系数和内摩擦系数的影响规律，为研究物料在螺旋输送装置内的输送机理提供依据。

10.1.1 试验材料

以经过 9R－40 型揉碎机揉碎处理后的玉米秸秆为试验物料，揉碎后物料长度小于 180mm，宽度 2~8mm。

10.1.2 试验仪器设备

试验仪器设备主要有：自行研制的滑动摩擦系数测试试验装置（图 10-1），北京市菲姆斯科技开发公司生产的 Famous 牌电子天平，其精度 0.01g，量程为 6kg，天津宏诺仪器有限公司生产的 202－005 型电热恒温干燥箱，自行研制的密度控制箱（图 10-2），ZJ 型直剪仪（南京土壤仪器厂，图 10-3）等。

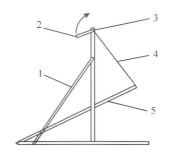

图 10-1　滑动摩擦特性试验台示意

1. 支撑杆　2. 手柄　3. 绕线轴

4. 绳索　5. 斜置板

图 10-2　密度控制箱

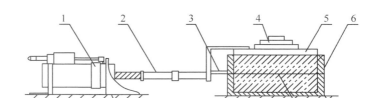

图 10-3　直剪仪

1. 加载装置　2. 测力仪　3. 加载杆　4. 压实载荷　5. 顶盖

6. 剪切环　7. 底座　8. 剪切平面　9. 底平面图

10.1.3　试验方法

　　滑动摩擦系数测定方法：每次试验取 1.2kg 揉碎玉米秸秆放入密度控制箱内，通过插板的位置改变物料的体积，从而得到 5 个不同的密度，并在不同密度下进行滑动摩擦系数测试试验。每个密度下重复 10 次试验，取平均值作为最终结果。采用同样的方法，每隔 48h 进行一次试验，得到不同含水率下物料与钢板间的摩擦系数。采用直剪仪测定不同含水率下物料的内摩擦角，从而计算得到物料的内摩擦系数。

　　内摩擦系数测定试验方法：操作过程参考 GB/T 4934.1—2008 进行，首先设定预压实正载荷为 200kPa，之后分别在 200kPa、150kPa、100kPa、50kPa 4 个等级的正载荷条件下逐级实施直剪切，得到结果。

10.1.4 试验结果及分析

滑动摩擦系数测定试验结果见表 10-1。

表 10-1 滑动摩擦系数试验结果

含水率 /%	密度 /kg·m⁻³	物料与钢板滑动摩擦系数										均值
15.76	76.8	0.51	0.52	0.51	0.53	0.52	0.51	0.54	0.51	0.52	0.51	0.518
	96	0.52	0.53	0.51	0.52	0.53	0.54	0.52	0.53	0.52	0.51	0.523
	128	0.53	0.54	0.53	0.53	0.54	0.53	0.52	0.53	0.57	0.54	0.536
	192	0.54	0.55	0.53	0.54	0.53	0.55	0.52	0.54	0.55	0.55	0.54
	384	0.57	0.58	0.55	0.58	0.58	0.57	0.55	0.57	0.55	0.57	0.567
22.36	76.8	0.53	0.52	0.53	0.53	0.53	0.52	0.53	0.53	0.53	0.52	0.527
	96	0.53	0.55	0.55	0.54	0.53	0.52	0.53	0.54	0.55	0.53	0.537
	128	0.55	0.54	0.54	0.57	0.54	0.53	0.54	0.54	0.55	0.56	0.546
	192	0.55	0.58	0.55	0.57	0.57	0.55	0.57	0.55	0.57	0.55	0.561
	384	0.58	0.59	0.6	0.59	0.6	0.58	0.59	0.59	0.6	0.58	0.59
31.82	76.8	0.53	0.53	0.54	0.55	0.53	0.53	0.53	0.53	0.53	0.55	0.537
	96	0.55	0.54	0.54	0.57	0.54	0.55	0.58	0.54	0.55	0.54	0.55
	128	0.55	0.57	0.58	0.58	0.55	0.58	0.58	0.57	0.57	0.55	0.568
	192	0.59	0.58	0.59	0.57	0.6	0.57	0.59	0.57	0.6	0.58	0.584
	384	0.61	0.64	0.6	0.59	0.6	0.59	0.61	0.6	0.59	0.61	0.604
42.27	76.8	0.55	0.55	0.53	0.57	0.53	0.54	0.55	0.57	0.55	0.53	0.547
	96	0.56	0.58	0.57	0.58	0.58	0.54	0.55	0.57	0.58	0.57	0.565
	128	0.58	0.59	0.6	0.58	0.6	0.58	0.58	0.57	0.59	0.57	0.585
	192	0.6	0.59	0.61	0.6	0.61	0.6	0.6	0.61	0.6	0.59	0.601
	384	0.63	0.65	0.64	0.63	0.61	0.63	0.61	0.63	0.64	0.63	0.63
52.87	76.8	0.57	0.59	0.58	0.58	0.59	0.56	0.58	0.58	0.59	0.56	0.578
	96	0.59	0.59	0.6	0.57	0.6	0.58	0.59	0.59	0.57	0.59	0.587
	128	0.6	0.61	0.6	0.61	0.6	0.61	0.61	0.6	0.59	0.6	0.603
	192	0.61	0.63	0.63	0.64	0.61	0.61	0.63	0.63	0.63	0.61	0.623
	384	0.65	0.64	0.63	0.64	0.64	0.65	0.66	0.64	0.63	0.65	0.643

不同密度下，揉碎玉米秸秆的含水率与摩擦系数的关系曲线如图 10-4 所示。

从图 10-4 可以看出，当物料的密度在 77.8~384kg·m⁻³ 时，物料的含水率在 15.76%~52.87% 的范围内，随着含水率的增加，揉碎玉米秸秆与钢板间的摩擦系数呈逐渐上升趋势。许多相关研究表明，摩擦系数与相互接触物体的材料、光滑度以及干湿度有关，并且随含水率的增加而增大。主要原因是，随着含水率的增加，接触表面吸附或者沉积形成液体薄膜，在接触面周围形成弯月面力，从而产生附加的摩擦力，因此发生滑动时，滑动摩擦角增大，摩擦系数增大；另外，

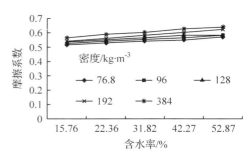

图 10-4　含水率与摩擦系数的关系

随着含水率的增加，物料更容易黏附于接触表面，致使物料与钢板间的滑动摩擦阻力增大。随着摩擦系数的增大，物料所受摩擦阻力增大，降低物料的运动速度，使得轴向滞后严重，最终导致输送长度上堆积量的增大。物料的堆积量越大，其密度越大，所受压力越大。该结论与本章的理论分析相吻合。

通过数理统计分析软件 SPSS 分析，得出了物料的含水率与摩擦系数的函数关系，结果见表 10-2。

表 10-2　含水率与摩擦系数的函数关系

密度/$kg \cdot m^{-3}$	含水率/%	拟合方程	R^2
76.8	15.76~52.87	$y = 2 \times 10^{-5}x^2 + 0.0003x + 0.5107$	0.978
96	15.76~52.87	$y = -6 \times 10^{-7}x^2 + 0.0016x + 0.5015$	0.986
128	15.76~52.87	$y = -3 \times 10^{-5}x^2 - 0.0035x + 0.4882$	0.983
192	15.76~52.87	$y = -1 \times 10^{-5}x^2 + 0.0031x + 0.4986$	0.999
384	15.76~52.87	$y = -3 \times 10^{-5}x^2 + 0.0039x + 0.5137$	0.992

不同含水率下，密度与摩擦系数的关系曲线如图 10-5 所示。

从图 10-5 可知，当含水率为15.76%~52.87% 时，物料的密度在 77.8～384 $kg \cdot m^{-3}$的范围内，随着密度的增大，物料与钢板间的摩擦系数呈增大的变化趋势。主要原因在于，揉碎玉米秸秆松散、柔软、物料间存在间隙，对于一定质量

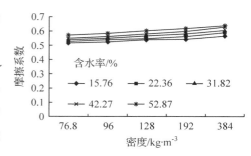

图 10-5　密度与摩擦系数的关系

的物料来说，当密度增大时物料被压缩，物料间的间隙变小，与钢板间的接触面积增大，黏着力随其增大，导致摩擦系数增大。该结果验证了前面理论模拟结果（图 9-9）的正确性。

通过数理统计分析软件 SPSS 分析后得出了物料的密度与摩擦系数的函数关系，见表 10-3。

揉碎玉米秸秆内摩擦系数测定试验结果见表 10-4。

表 10-3　密度与摩擦系数的函数关系

含水率/%	密度/kg·m⁻³	拟合方程	R^2
15.76	76.8~384	$y = -4 \times 10^{-7}x^2 + 0.0003x + 0.4964$	0.971
22.36	76.8~384	$y = -4 \times 10^{-7}x^2 + 0.0004x + 0.5048$	0.992
31.82	76.8~384	$y = -9 \times 10^{-7}x^2 + 0.0006x + 0.5019$	0.991
42.27	76.8~384	$y = -1 \times 10^{-6}x^2 + 0.0008x + 0.5001$	0.991
52.87	76.8~384	$y = -1 \times 10^{-6}x^2 + 0.0007x + 0.5287$	0.993

注：y 是揉碎玉米秸秆与钢板间的摩擦系数；x 是揉碎玉米秸秆的密度，kg·m⁻³。

表 10-4　不同含水率下物料的内摩擦系数

含水率/%	内摩擦角/(°)	内摩擦系数
15.76	4.97	0.087
22.36	6.02	0.105
31.82	8.65	0.152
42.27	12.03	0.213
52.87	17.37	0.313

从表 10-4 可以看出，揉碎玉米秸秆的含水率在 15.76%~52.87% 的范围内，随着含水率的增大，物料的内摩擦系数呈增大的变化趋势，与相关研究结果一致。物料内摩擦系数是衡量物料间相互作用力大小的指标之一。对于揉碎玉米秸秆来讲，内摩擦系数是引起物料间相互挤压、聚集的主要原因之一。当揉碎玉米秸秆的内摩擦系数增大时，物料间相缠绕程度增强，物料的密度受到影响，因此所受压力增大。

10.1.5　螺旋升角与摩擦力系数、离心力系数的关系

本研究将位于任意半径处的揉碎玉米秸秆的微元体作为研究对象，并对其在螺

旋槽内的受力情况进行研究分析，通过整理合并得出微元体在输送方向的运动方程：

$$\frac{\partial P}{\partial z} + PK_f + \rho\left(\frac{\partial v}{\partial z} + \frac{\partial v}{\partial t} + K_b v^2\right) = 0 \tag{10-1}$$

$$K_f = \frac{f_a}{\mathrm{d}h}\left[\frac{2f_c}{f_a} - \cos(\alpha + \theta) - \sin(\alpha + \theta) + \frac{f_b}{f_a}\frac{2\mathrm{d}h}{S} + \frac{f_b\sin(\alpha + \theta)}{\cos\alpha}\right] \tag{10-2}$$

$$K_b = \frac{f_a}{r}(\sin\alpha\cot\theta)^2\left[\frac{f_b\sin(\alpha + \theta)}{\cos\alpha} - \sin(\alpha + \theta)\tan\alpha - \cos(\alpha + \theta)\right] \tag{10-3}$$

式中　K_f——摩擦力系数；

　　　　K_b——离心力系数；

　　　　f_a——物料与机壳表面之间的摩擦系数；

　　　　f_b——物料与螺旋叶片和中心轴间的摩擦系数；

　　　　f_c——物料间的内摩擦系数；

　　　　P——物料所受压强，Pa。

通过对摩擦力系数和离心力系数，得到的关系方程式进行分析得出，螺旋升角的大小对摩擦力系数 K_f、离心力系数 K_b 的大小有着重要的影响同时也影响着物料输送性能的好坏。其中，物料与机壳、螺旋叶片、中心轴间的摩擦力用摩擦力系数 K_f 表示，摩擦力系数的大小反映了螺旋输送装置输送性能的优劣；物料在螺旋槽内输送过程中，所受离心力的大小用离心力系数表示，离心力的大小反映了螺旋输送装置输送性能的优劣。

由于摩擦力系数 K_f、离心力系数 K_b，是螺旋升角的函数，课题组通过利用 MATLAB 软件，研究了 K_f、K_b 与螺旋升角的关系。得出摩擦力系数 K_f、离心力系数 K_b 随着螺旋升角增大而增大的同时，会对物料的输送性能产生不利的影响，使螺旋输送装置在输送过程中出现生产率低，输送功耗大的现象，从而导致输送性能指标比功耗增大，即输送性能较差。

10.2　揉碎玉米秸秆的松密度

通过前面的理论分析可知，物料的松密度是影响压力的因素之一，并且物料所受压力随松密度的增大而增大（图9-9）。本研究通过试验研究含水率对揉碎玉米秸秆松密度的影响规律，为分析揉碎玉米秸秆螺旋输送机理提供依据。

10.2.1　试验材料

以经过 9R-40 型揉碎机揉碎后的玉米秸秆为试验物料，揉碎后物料长度小于 180mm，宽度 2~8mm，含水率取 15.76%、22.36%、31.82%、42.275% 和 52.87% 5 个值。

10.2.2　试验仪器设备

北京市菲姆斯科技开发公司生产的 Famous 牌电子天平，其精度为 0.01g，量程为 6kg；天津宏诺仪器有限公司生产的 202-005 型电热恒温干燥箱；正方形箱体(尺寸：0.25m×0.25m×0.25m)。

10.2.3　试验方法

揉碎玉米秸秆是柔软、松散的粘弹性体，其形状和尺寸随机性较大，为了提高测量精度，试验时每个含水率下取 20 个样本，在不加任何预压力的情况下装满箱体，并称重整体重量，从而计算出物料的松密度，计算公式如下：

$$\rho_a = \frac{M - m_X}{V_X} \tag{10-4}$$

式中　ρ_a——物料的松密度，$kg \cdot m^{-3}$；

　　　M——物料和箱体的总质量，kg；

　　　m_X——箱体的质量，kg；

　　　V_X——箱体的体积，m^3。

对每个样本重复 10 次松密度的测量试验并取平均值，最后将把同一个含水率下 20 个样本重复试验所得松密度的平均值再次平均作为最终的结果。和物料摩擦系数测定同样，每隔 48h 进行一次试验，得到不同含水率下揉碎玉米秸秆的松密度，物料的含水率与松密度的关系曲线如图 10-6 所示。

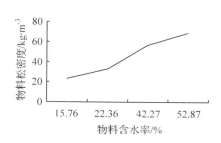

图 10-6　含水率与松密度的关系

由图 10-6 可以看出，揉碎玉米秸秆的松密度随着含水率的增大而增大。也就是说，在体积一定的情况下，含水率越高，物料的密度越大。该试验不仅证明了物料的含水率、密度以及摩擦系数之间存在着一定的关系，同时也验证了摩擦系数和密度会受到物料含水率的影响。

10.3 揉碎玉米秸秆的可压缩系数

第 8 章中式(8-36)反应了物料所受压强和密度的关系，在推导压力、生产率和功耗的数学模型时均应用了式(8-36)，式中涉及到物料的可压缩系数 C_0，因此，有必要对揉碎玉米秸秆的可压缩系数进行研究。本研究在不同含水率下对揉碎玉米秸秆进行压缩试验，进而对试验数据进行拟合，求出物料的可压缩系数值。

10.3.1 试验材料

以经过 9R－40 型揉碎机揉碎后的玉米秸秆为试验物料，揉碎后物料长度小于 180mm，宽度 2~8mm，含水率取 15.76%、22.36%、31.82%、42.275% 和 52.87% 5 个值。

10.3.2 试验仪器设备

项目组设计了一个简易物料压缩模具，如图 10-7 所示，其结构参数见表 10-5；乐清市艾德保仪器有限公司生产的 HP-2K 型推拉力计；北京市菲姆斯科技开发公司生产的 Famous 牌电子天平，其精度为 0.01g，量程为 6kg；天津宏诺仪器有限公司生产的 202-005 型电热恒温干燥箱等。

图 10-7 物料压缩试验台

表 10-5 压模结构参数

指 标	参 数	指 标	参 数
长度/m	0.5	上模板厚度/m	0.029
宽度/m	0.3	下模板厚度/m	0.03
高度/m	0.40	上模板重量/kg	3

10.3.3 试验方法

压力的选择：由螺旋叶片和机壳压力测试试验结果可知，叶片和机壳各部位所受最大压力值在 50N 以内，考虑到物料在输送过程中受到螺旋叶片和机壳的共同作用以及物料间相互作用对压力的影响，揉碎玉米秸秆压缩试验中压力选择了 30~200N。

试验时，取 5 种不同含水率的揉碎玉米秸秆作为试验物料，每个含水率下均取 20 个样本，在不加任何预压力的情况下装满压模并盖上上模板，利用 HP-2K 型推拉力计施加不同的压力（压力值从 30~200N），测量出不同压力下上模板的上表面与模具上边缘之间的距离，即可算出物料的体积，通过计算得出每个压力所对应的物料密度。每个试验重复 10 次，最后取平均值作为最终结果。

10.3.4 试验结果及分析

5 种不同含水率下物料的压缩试验数据见表 10-6~表 10-10。

表 10-6 含水率 15.76% 时物料压缩试验数据

压力/N	压缩高度/mm										平均高度/mm	密度/kg·m⁻³
30	90	86	90	90	89	89	89	89	89	90	89	31.43
40	118	119	121	125	117	129	125	124	119	122	122	35.68
50	137	135	139	140	136	134	138	139	137	138	137	37.71
60	143	140	147	145	148	145	142	141	144	142	144	38.82
70	151	155	149	147	152	154	148	151	153	154	151	40
80	159	158	154	159	161	162	157	164	163	162	160	42.25
90	169	171	165	168	173	167	174	173	166	172	170	44
100	175	174	178	177	181	176	174	175	182	181	177	45.52
110	181	182	185	188	187	183	181	183	184	182	184	47.12
120	189	187	188	191	187	193	192	189	193	191	190	48.89
130	193	197	195	194	192	196	201	196	192	192	195	50.77
140	196	199	198	202	204	198	201	197	199	206	200	51.8
150	200	201	203	198	203	199	208	203	201	204	202	52.4
160	209	206	208	201	205	204	206	209	207	205	206	53.67
170	207	209	208	212	204	211	209	207	205	208	208	54.07
180	204	210	209	209	206	212	214	216	208	212	210	54.77
190	213	212	209	208	214	212	210	213	208	211	211	55.18
200	211	209	210	212	211	21	212	213	215	207	211	55.27

表 10-7　含水率 22.36% 时物料压缩试验数据

压力/N	压缩高度/mm										平均高度/mm	密度/kg·m⁻³
30	79	75	81	78	82	84	77	83	88	84	81	42
40	91	93	95	91	94	92	92	91	94	92	93	43.4
50	99	98	99	103	103	97	102	104	97	102	100	44.46
60	103	104	105	109	102	109	104	109	102	106	105	45.58
70	115	119	118	114	115	114	113	119	210	117	125	49.27
80	123	128	127	129	127	125	129	130	124	128	127	50.64
90	134	133	129	138	137	132	135	138	137	134	1347	52.09
100	141	139	143	138	141	142	139	143	142	142	141	53.62
110	144	148	149	143	148	149	151	148	145	146	147	55.24
120	150	151	153	155	152	153	154	151	152	155	153	55.92
130	154	157	155	157	158	156	153	155	157	158	156	56.81
140	163	158	161	157	159	161	159	158	160	164	160	57.77
150	165	160	163	161	166	167	168	162	161	167	164	58.86
160	171	168	171	167	162	162	168	169	170	162	167	59.96
170	165	169	166	170	171	167	171	168	169	164	168	60.05
180	191	192	191	189	192	187	191	186	189	192	190	61.82
190	193	194	192	194	195	192	194	193	194	199	194	62.05
200	194	199	193	195	198	193	196	193	194	195	195	62.51

表 10-8　含水率 31.82% 时物料压缩试验数据

压力/N	压缩高度/mm										平均高度/mm	密度/kg·m⁻³
30	62	66	67	64	68	69	71	68	72	75	68.2	52.96
40	89	93	83	85	89	92	88	91	87	89	88.6	54.21
50	98	92	96	96	93	97	94	94	93	97	95	55.48
60	113	112	110	98	105	99	106	107	101	109	106	57.8
70	119	117	116	114	114	116	118	123	115	118	117	60.2
80	126	128	129	125	124	127	125	121	122	123	125	62.21
90	137	131	133	131	133	139	138	135	134	139	135	64.84
100	144	141	143	135	134	136	143	137	142	135	139	66.09
110	144	147	145	146	140	142	146	142	147	141	144	67.37
120	149	153	142	143	146	151	146	146	149	145	147	68.29
130	148	149	147	149	146	149	149	150	146	148	148	69.33
140	151	152	156	153	152	155	153	156	152	153	153	70.18
150	157	158	159	155	155	159	158	159	160	158	157	71.95
160	155	159	158	157	161	157	156	161	157	159	158	72.06
170	162	16	161	164	158	164	162	157	159	163	161	73.14
180	169	165	168	165	162	164	168	169	162	168	166	74.89
190	166	169	167	169	165	167	170	166	169	172	168	75.04
200	168	170	169	172	175	173	168	172	169	174	171	76.82

表 10-9　含水率 42.27% 时物料压缩试验数据

压力/N	压缩高度/mm										平均高度/mm	密度/kg·m⁻³
30	45	48	49	43	46	48	49	43	47	49	46.7	66.04
40	54	55	58	54	57	58	53	59	53	54	55.5	67.45
50	61	62	63	65	66	64	62	61	64	63	63.1	68.91
60	68	69	67	67	69	68	69	65	69	71	68.2	70.44
70	75	76	78	79	77	75	72	73	74	75	75.4	72.45
80	81	82	84	81	85	82	81	83	79	83	82.1	73.72
90	87	86	87	85	89	88	90	87	89	90	87.8	75.48
100	97	98	97	94	96	95	94	98	97	94	96	77.25
110	103	105	107	102	107	102	108	102	100	103	103.9	79.45
120	112	113	112	110	115	112	114	113	111	112	112.4	81.92
130	116	117	115	118	119	116	117	119	120	117	117.4	83.42
140	120	125	123	122	118	115	117	121	120	119	120	84.68
150	122	120	119	122	129	121	120	121	122	124	122	85.33
160	131	124	122	127	124	121	124	122	122	123	124	86.06
170	126	127	126	125	128	127	129	123	122	127	126	86.57
180	129	132	129	127	126	128	125	127	129	128	128	87.35
190	132	129	131	132	129	132	128	125	129	133	130	88.24
200	137	128	130	131	135	133	129	134	135	128	132	89.06

表 10-10　含水率 52.87% 时物料压缩试验数据

压力/N	压缩高度/mm										平均高度/mm	密度/kg·m⁻³
30	36	36	34	36	37	36	34	32	36	39	36	76.79
40	43	44	42	43	47	43	42	47	42	42	44	78.57
50	53	53	49	51	53	55	53	49	53	54	52	80.21
60	59	50	59	55	59	59	59	59	59	59	58	81.91
70	63	64	65	62	62	63	64	64	65	67	64	83.7
80	69	71	68	73	71	68	69	68	72	71	70	85.5
90	79	78	77	81	79	76	80	74	76	79	78	87.9
100	84	83	85	83	82	85	86	87	83	82	84	89.74
110	87	89	90	88	86	91	86	91	85	87	88	91
120	97	91	94	93	89	87	91	93	94	91	92	92.36
130	95	93	95	91	92	99	96	92	92	95	94	93.06
140	101	98	97	97	100	98	97	98	109	95	99	94.72
150	97	96	104	101	102	98	99	98	104	101	100	95.05
160	102	101	109	102	100	101	109	100	101	105	103	96.06
170	104	102	102	105	100	107	104	109	106	111	105	96.95
180	109	107	103	108	110	106	107	103	102	105	106	97.25
190	109	111	108	112	109	115	113	106	109	108	110	98.93
200	115	110	114	119	112	111	115	113	118	113	114	100.12

  5 种不同含水率下揉碎玉米秸秆的压缩试验曲线如图 10-8 所示。本研究将 5 种含水率下物料的松密度以及通过压缩试验得到的不同压力下物料的密度值分别代入 $\rho = \rho_m - (\rho_m - \rho_a) \cdot e^{-C_o P}$ 中，得到密度与压力的关系，并进一步将该函数与试验曲线进行拟合，从而得到揉碎玉米秸秆的可压缩系数。

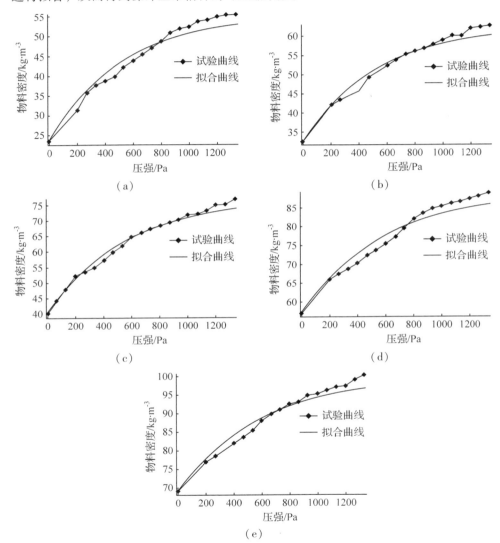

图 10-8　不同含水率下密度与压强关系曲线

（a）含水率 15.76 时的试验曲线拟合　（b）含水率 22.36% 时的试验曲线拟合
（c）含水率 31.82% 时的试验曲线拟合　（d）含水率 42.27% 时的试验曲线拟合
（e）含水率 52.87% 时的试验曲线拟合

表 10-11　不同含水率下的方程与 C_0 值

物料含水率/%	方程	C_0
15. 76	$y = 55.27 - (55.27 - 23.73) \cdot e^{-C_0 x}$	0. 001 929
22. 36	$y = 62.51 - (62.51 - 32.85) \cdot e^{-C_0 x}$	0. 001 865
31. 82	$y = 76.82 - (76.82 - 41.23) \cdot e^{-C_0 x}$	0. 001 812
42. 27	$y = 89.06 - (89.06 - 57.2) \cdot e^{-C_0 x}$	0. 001 713
52. 87	$y = 100.12 - (100.12 - 69.4) \cdot e^{-C_0 x}$	0. 001 639

不同含水率下的方程与可压缩系数值见表 10-11。

可压缩系数是物料本身具有的一种物理特性参数，它是反映物料被压实难易程度的一个物理量，与物料的种类、大小以及含水率等参数有关。根据相关文献得知，物料的可压缩系数越大，物料越容易被压实，反之可压缩系数越小，物料越难被压实。由试验结果可知，随着含水率的增加，揉碎玉米秸秆的松密度增大，物料间的间隙变小，可压缩系数减小，物料不容易被压缩，符合上述规律。

综上所述，压力在 30~200N 的范围内，压强和密度的关系式 $\rho = \rho_m - (\rho_m - \rho_a) \cdot e^{-C_0 P}$ 同样适合揉碎玉米秸秆的压缩特性的分析。这也证明了本研究理论部分中推导压力、生产率和功耗的数学模型时应用该式是可行的。同时研究揉碎玉米秸秆的可压缩系数，对于选择和确定螺旋输送装置的结构参数和运动参数，从而在降低功耗以及避免输送装置产生堵塞等方面具有重要的实际意义。

Chapter eleven

第 11 章
螺旋输送过程中
螺旋轴轴向推力
的测试分析

螺旋输送装置在工作过程中，物料进入螺旋槽后受到螺旋叶片的挤压、剪切和摩擦等综合作用，同时物料会给螺旋槽和螺旋叶片施加一定的反作用力，一方面使螺旋槽内产生压力；另一方面对螺旋轴产生推力和力矩。第 9 章中通过压力测试试验得到了相关参数对叶片和机壳所受压力的影响规律，但是由于揉碎玉米秸秆的特殊性质，薄膜压力传感器测到的压力数据分散程度高，无法与理论值进行拟合。为了修正压力的数学模型，本章将在第 8 章中理论推导的基础上，对螺旋输送装置推力轴承处的轴向推力进行试验研究。

11.1　试验方案

11.1.1　试验材料

本研究同样采用经 9R-40 型揉碎机揉碎后的玉米秸秆为试验物料，揉碎后物料长度小于 180mm，宽度 2~8mm，含水率取 15.76%、22.36%、31.82%、42.275% 和 52.87% 5 个值。

11.1.2　传感器的选择

旋转轴的轴向推力测试中存在两个关键问题：一是对传感器的选择，传感器要选择结构简单、紧凑，尽可能少改动试验台就能进行测试，并且灵敏度高；二是测量信号的引出问题。本研究采用环形测力传感器测取压力数据。在螺旋输送装置试验台上安装环形测力系统。该系统选用了北京龙鼎金陆测控技术有限公司生产的 LDCZL–FK 型环形测力传感器（图 11-1）以及配套使用的 LDCHB 型数字显示控制仪（图 11-2），对螺旋输送装置推力轴承处的压力进行测试。传感器的结构参数见表 11-1。

图 11-1　环形测力传感器　　　　图 11-2　数字显示控制仪

表 11-1　环形测力传感器的主要结构参数

指　标	参　数	指　标	参　数
量程/kg	100	内径/mm	65
灵敏度/(mV/V)	0.7±0.004	高度/mm	27
工作温度/℃	−20～+70	凸台外径/mm	68
外径/mm	110	凸台高度/mm	4

11.1.3　传感器的安装

将环形测力传感器安装在螺旋输送装置的推力轴承处,如图 11-3 所示。传感器上的凸台是感应区,因此,安装时将其朝向推力轴承,测试推力轴承受到的轴向推力。工作过程中,传感器测试到的信号通过导线传递到力值显示仪,测试系统如图 11-4 所示。

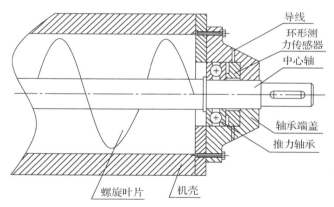

图 11-3　螺旋输送装置轴向推力测试原理

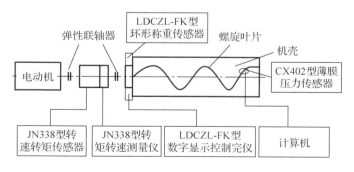

图 11-4　测试系统

11.1.4 试验因素水平

由第 9 章中螺旋输送装置的稳定性分析结果可知，当螺旋叶片的螺距 160～300mm，喂入量 10～70 kg·min^{-1}，螺旋轴转速 58～148 r·min^{-1}时，螺旋输送装置能满足揉碎玉米秸秆的稳定输送要求。因此，本试验中各因素的水平分别控制在以上范围内，所选择的各因素的水平见表 11-2。其中，螺旋轴转速是影响输送稳定性的主要因素；并且试验台上容易实现调速，因此，在 0～148 r·min^{-1}的范围内取了 5 个转速。为了提高测试精度，物料的含水率也取了 5 个水平。

表 11-2　试验因素水平

水平	因素			
	螺距 S/mm	转速 n/r·min^{-1}	喂入量 Φ/kg·min^{-1}	物料的含水率 /%
1	160	28	10	15.76
2	200	58	30	22.36
3	250	87	50	31.82
4	300	117	70	42.27
5	—	148	—	52.87

11.1.5 试验工况

根据试验目的确定了 4 个工况，如下：

工况 1：物料的含水率为 52.87%，螺旋轴转速 58 r·min^{-1}，喂入量 30 kg·min^{-1}，测试不同螺距下螺旋输送装置的轴向推力，测试次数为 10 次，测试时间为 10s。

工况 2：物料的含水率为 52.87%，螺距 250mm，喂入量 30 kg·min^{-1}，测试不同转速下螺旋输送装置的轴向推力，测试次数为 10 次，测试时间为 10s。

工况 3：物料的含水率为 52.87%，螺距 250mm，螺旋轴转速 58 r·min^{-1}，测试不同喂入量下螺旋输送装置的轴向推力，测试次数为 10 次，测试时间为 10s。

工况 4：螺旋轴转速 58 r·min^{-1}，喂入量 30 kg·min^{-1}，螺距 250mm，测试不同含水率下螺旋输送装置的轴向推力，测试次数为 10 次，测试时间为 10s。

11.2　试验结果分析

利用已设计好的测试系统(图 11-4)，在以上 4 种工况下进行螺旋轴轴向推力测试试验，试验数据见表 11-3 ~ 表 11-6。

表 11-3　不同螺距下的轴向推力

螺距/mm	轴向推力值/N										平均值/N
160	286.3	334.8	332.2	298.5	345.5	376.5	296.4	321.5	335.4	325.7	325.3
200	199.5	219.6	225.85	256.9	239.5	249.5	200.4	243.6	249.4	219	230.3
250	169.4	179.2	154.5	183	178.5	180.4	169.4	171.2	184.5	168.3	173.8
300	114.3	132.8	101.3	129.5	119.5	125.9	114.5	130	116	119.4	120.3

表 11-4　不同转速下的轴向推力

转速/ r · min^{-1}	轴向推力值/N										平均值/N
28	114.3	132.8	101.3	125.5	131.5	105.6	115.9	122.4	128.5	109.9	118.8
58	169.4	179.2	154.5	183	178.5	180.4	169.4	171.2	184.5	168.3	173.8
87	198.5	185.5	201.3	210.5	195.5	189.5	211.3	209.5	199.5	203.6	200.5
117	230.9	242.3	210.5	249.9	250.5	225.6	239.5	229.4	240.5	238.5	235.8
148	300.3	298.4	289.5	303.5	289.5	279.4	290.3	299.5	304.3	295.3	295

表 11-5　不同喂入量下的轴向推力

喂入量/ kg · min^{-1}	轴向推力值/N										平均值/N
10	71.7	81.5	90.4	89.1	87.5	78.9	85.4	91	79.4	82.5	83.7
30	169.4	179.2	154.5	183	178.5	180.5	169.4	171.2	184.5	168.3	173.8
50	343.8	319.5	330.5	339.5	339.5	320.5	338.6	325.5	340.4	337.5	333.5
70	583.5	549.5	557.3	544.5	560.4	580.2	561.5	559.9	549.5	560.7	560.7

表 11-6　不同含水率下的轴向推力

含水率/%	轴向推力值/N										平均值/N
15.76	245.1	251.6	260	253.6	252.8	240.2	260.1	251.5	264.9	251.5	253.1
22.36	230.5	223.5	240.1	239.5	224.8	223.6	231.4	240	243.5	231.5	232.8
31.82	203	210.5	208.5	210.5	210.4	211	209.5	212.5	207.5	208.5	209.2
42.27	191	190	192.5	191	188.4	187.9	185.5	190	182.5	184.4	188.3
52.87	169.4	179.2	154.5	183	178.5	180.4	169.4	171.2	184.5	168.3	173.8

11.2.1　螺距对轴向螺旋轴轴向推力的影响分析

由表 11-3 可知，在物料的含水率、螺旋轴转速和喂入量一定的情况下，螺距在 160～300mm 的范围内变化时，随着螺距的增大，螺旋输送装置的轴向推力减小，与图 9-3 中理论曲线有相同的变化规律。分析可知，使螺旋输送装置产生轴向推力的因素包括，螺旋叶片和机壳各部位所受压力以及螺旋叶片和机壳间堆积的物料对螺旋轴的阻力。由螺旋叶片和机壳压力测试试验结果可知，随着螺距的增大，螺旋叶片各部位所受压力增大，机壳各部位所受压力减小，并且随着螺距的增大，螺旋槽内的空间变大，揉碎玉米秸秆在松散的状态下运动，其相互挤压缠绕程度减弱，有效地减小了叶片和机壳间物料的密度。因此，轴向推力随螺距的增大而减小。

将工况 1 下的相关参数代入式（8-71），并采用 MATLAB 软件，基于积分原理，对不同螺距下的物料所受压强进行二重积分计算，得到物料所受压力与螺距的关系曲线，并与试验值进行对比，如图 11-5 所示。

通过对图 11-5 中实测值与理论计算值对比分析可知，当输送物料为揉

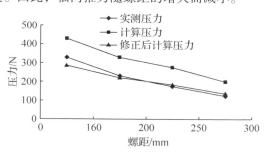

图 11-5　螺距与压力的关系

碎玉米秸秆(经过 9R-40 型揉碎机揉碎后的玉米秸秆，长度小于 180mm，宽度 2～8mm，平均含水率 52.87%)，螺旋轴转速为 58 r·min^{-1}，喂入量为 30kg·min^{-1}，螺距为 160～300mm 时，物料所受压力的理论值与实测值相对误差均在 12% 以内，并且理论值均大于实测值。分析产生这种结果的主要原因有两个方面：一方面，建立压力模型时将揉碎玉米秸秆假设成连续的运动体，忽略了物料间存在间隙，并对其进行受力分析，导致理论计算值大于实际值；另一方面，物料在外力的作用下向前运动的同时会给螺旋叶片、机壳和中心轴施加反作用力，在推力轴承处产生轴向推力，同时在螺旋的槽内产生一定压强。而试验中只测试了轴向推力并与理论计算值进行对比，导致实测值小于理论值，并且两者之间的相对误差较大。因此，只需将物料所受压力的理论值乘以修正系数 λ_s 即可。将物料所受压力的理论值与实测值进行回归分析可得不同参数下的 λ_s 值，$\lambda_s = 0.67$。对计算模型修正后，当螺距为

160～300mm 时，除了螺距 160mm 的压力理论计算值和实测值相对误差为 11.7% 以外，其余物料所受压力的理论计算值与实测值相对误差均在 8% 以内。

11. 2. 2　螺旋轴转速对螺旋轴轴向推力的影响分析

通过分析表 11-4 中的数据可知，在物料的含水率、螺距和喂入量一定的情况下，螺旋轴转速在 28～148 r · min⁻¹ 的范围内变化时，随着螺旋轴转速的增加，螺旋输送装置的轴向推力增大，其变化规律与图 9-4 中理论曲线相同。由叶片和机壳压力测试试验结果可知，随着螺旋轴转速的增加，螺旋叶片和机壳各部位所受压力均增大，使得轴向推力增大。

将工况 2 下的相关参数代入式（8-71），采用 MATLAB 软件，基于积分原理，对不同螺旋轴转速下的物料所受压强进行积分计算，得到物料所受压力与螺旋轴转速的关系曲线，并与试验值进行对比，对比结果如图 11-6 所示。

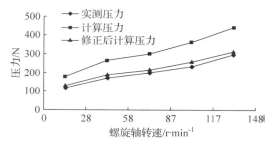

图 11-6　螺旋轴转速与压力的关系

通过对图 11-6 中实测值与理论计算值对比分析可知，当输送物料的平均含水率为 52.87%，螺距为 250mm，喂入量为 30 kg · min⁻¹，螺旋轴转速为 28～148 r · min⁻¹ 时，物料所受压力的理论值与实测值相对误差均在 11% 以内，并且理论值均大于实测值，因此，只需将物料所受压力的理论值乘以修正系数 λ_n 即可。将物料所受压力的理论值与实测值进行回归分析可得 $\lambda_n = 0.71$。对理论计算模型修正后，当螺旋轴转速为 28～148 r · min⁻¹ 时，物料所受压力的理论计算值与实测值相对误差均在 8.6% 以内。

11. 2. 3　喂入量对螺旋轴轴向推力的影响分析

通过分析表 11-5 中的数据可知，在物料的含水率、螺距和螺旋轴转速一定的情况下，喂入量在 30～70 kg · min⁻¹ 的范围内变化时，随着喂入量的增大，螺旋输送装置的轴向推力增大，其变化规律与图 9-6 中理论曲线相同。当喂入量增大时，揉碎玉米秸秆间相互挤压缠绕程度增强，螺旋槽内物料的密度增大，施加给螺旋叶片和机壳的压力增大，轴向推力随之增大。

将工况 3 下的相关参数代入式(8-71)，采用 MATLAB 软件，基于积分原理，对不同喂入量下物料所受压强进行积分计算，得到物料所受压力与喂入量的关系曲线，并与试验值进行对比，对比结果如图 11-7 所示。

通过对图 11-7 中实测值与理论计算值对比分析可知，当输送物料的平均含水率为 52.87%，螺距为 250mm，螺旋轴转速为 58 $r \cdot min^{-1}$，喂入量为 30 ~ 70 $kg \cdot min^{-1}$ 时，物料所受压力的理论值与实测值相对误差均在 14% 以内，并且理论值均大于实测值，因此只需将物料所受压力的理论值乘以修正系数 λ_w 即可。将物料所受压力的理论值与实测值进行回归分析可得 $\lambda_w = 0.66$。对理论计算模型修正后，当喂入量为 10~70 $kg \cdot min^{-1}$ 时，物料所受压力的理论计算值与实测值相对误差均在 5.9% 以内。

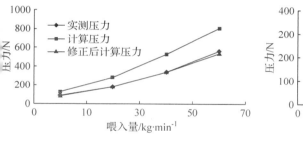

图 11-7　喂入量与压力的关系　　　图 11-8　含水率与压力的关系

11.2.4　物料的含水率对螺旋轴轴向推力的影响分析

分析表 11-6 可知，当螺距为 250mm，螺旋轴转速为 58 $r \cdot min^{-1}$，喂入量为 30 $kg \cdot min^{-1}$，物料的平均含水率 15.76%~52.87% 时，螺旋输送装置的轴向推力随着物料含水率的增大而减小。主要原因是，当喂入量一定时，含水率越高，螺旋槽内揉碎玉米秸秆的体积越小，密度越小，因此施加于叶片和机壳的压力越小，故轴向推力小，如图 11-8 所示。

本章研究了螺距、转速、喂入量和物料的含水率等参数对螺旋输送装置轴向推力的影响，从而揭示了揉碎玉米秸秆在螺旋槽内产生压力的机理。结果表明，在试验参数范围内，轴向推力随着螺距的增大而减小，随转速和喂入量的增大而增大。在其他参数一定的情况下，物料的含水率越高，输送装置的轴向推力越小。

研究结果发现，理论分析曲线与试验曲线具有相同的变化规律。通过轴向推力试验数据修正了理论模型，修正后，当螺距为 160~300mm，螺旋轴转速为 28~148 $r \cdot min^{-1}$，喂入量为 10~70 $kg \cdot min^{-1}$ 时，压力的理论计算值与实测值相对误差分别在 11.7%、8.6% 和 5.9% 以内。

Chapter twelve

第 12 章
螺旋输送装置生
产率及功耗试验
研究

12.1 螺旋输送装置生产率理论分析

由式(8-75)可知,螺旋输送装置的生产率分别与螺旋叶片的结构参数:外径、内径、螺距、螺旋叶片的厚度;输送装置的运动参数:螺旋轴转速和喂入量;物料的力学特性:密度等多个参数有关。为了从理论上为农业纤维物料螺旋输送装置的设计提供依据,选择更合理的螺旋装置的结构参数,从而提高螺旋输送生产率,本研究对生产率表达式(8-75)进行了模拟计算,讨论模型中各物理量对输送生产率的影响机理。为了得到生产率与这些物理量的关系,先假定其他物理量值为常数,只改变其中一个物理量,采用 MATLAB 软件进行模拟计算,得出物理参数与生产率的关系曲线。

12.1.1 螺距对生产率的影响

图 12-1 是螺旋叶片的螺距对输送装置生产率的影响曲线。由图中曲线的变化趋势可以看出,在相同的螺旋轴转速和喂入量下,随着螺距的增大,输送装置的生产率逐渐增大。蒋恩臣、王晓艳等人通过分析给出了螺距与螺旋叶片外径的关系式,通常情况下两个参数之间的关系满足 $S = (0.5 \sim 1.2)D$,对于流动性差的物料要满足式 $S = (0.8 \sim 2.2)D$。

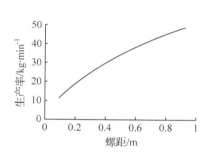

图 12-1 螺距与生产率的关系

本研究表明,在满足输送要求的情况下,螺距尽可能选择较大值。螺距小时,螺旋槽内的空间小,并且螺旋叶片的运送速度慢,揉碎玉米秸秆在狭小的空间内运动时堆积量大,通过性差,物料间相互挤压程度高,使得物料与物料、物料与叶片和机壳之间的摩擦阻力增大,导致输送生产率、输送效率降低。螺距较大时,螺旋槽内的空间大,物料在螺旋槽内相互挤压程度较低,通过性好,叶片运送速度快使得物料的轴向运动速度增加,输送生产率和效率提高。

12.1.2 转速对生产率的影响

根据式(8-75)，当螺距和喂入量一定时，螺旋输送装置生产率与转速的关系，如图 12-2 所示。从图上可以看出，输送装置的生产率随着转速的增加而提高。根据第 2 章的理论分析可知，随着转速的增加，螺旋叶片的推运速度增大，因此，单位时间内螺旋输送装置的输送量增大。

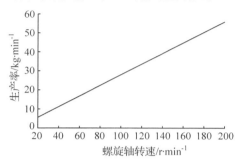 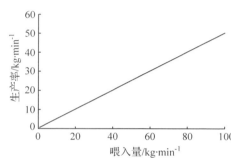

图 12-2　转速与生产率的关系　　　　图 12-3　喂入量与生产率的关系

12.1.3 喂入量对生产率的影响

当螺距和螺旋轴转速一定时，喂入量与输送装置生产率的关系曲线，如图 12-3 所示。由图中曲线的变化趋势可以看出，螺旋输送装置的生产率随着喂入量的增大而提高。当喂入量增大时，螺旋槽内的物料量增加，因此，单位时间内螺旋输送装置的输送量增大。

12.2　螺旋输送生产率的试验研究

由理论推导结果可知，螺旋输送生产率的高低与螺旋输送装置的几何参数、运动参数以及揉碎玉米秸秆的特性参数等多个参数有关。为了验证所建生产率理论模型的正确性，使理论分析更接近实际，本研究对各种工况下螺旋输送装置的生产率进行试验研究。

12.2.1 试验仪器设备

自制螺旋输送试验装置，北京市菲姆斯科技开发公司生产的 Famous 牌电子天平，其精度为 0.01g，量程为 6kg；C3300 型秒表。

12.2.2　试验工况

本试验以揉碎玉米秸秆为试验物料，并在第 4 章中所选定的 4 个工况下对螺旋输送装置的生产率进行试验研究。

12.2.3　试验结果及分析

12.2.3.1　螺距对生产率的影响分析

当螺旋轴转速 58 r·min^{-1}，喂入量 30 kg·min^{-1}，揉碎玉米秸秆的含水率 52.87% 时，测量 160、200、250 和 300mm 4 种不同螺距下螺旋输送装置的生产率，测试次数为 10，每次测试时间均为 10s，试验结果见表 12-1。

表 12-1　不同螺距下的生产率

螺距 /mm	生产率/kg·min^{-1}										平均值/ kg·min^{-1}
160	12.04	11.08	12.07	12.01	10.01	11.03	11	10.02	10.39	11.05	11.07
200	12.09	13.39	15.43	13.94	12.34	13.34	14.35	13.95	12.98	13.49	13.53
250	14.89	16.07	17.18	14.48	15.67	17.79	16.87	14.92	15.39	16.37	15.96
300	22.33	22.46	22.51	22.75	23.43	21.98	22.97	23.01	23.03	22.89	22.74

由表 12-1 可知，在物料的含水率、螺旋轴转速和喂入量一定的情况下，螺距在 160～300mm 的范围内变化时，随着螺距的增大，螺旋输送装置的生产率得以提高，试验结果与图 12-2 中理论模拟曲线有相同的变化规律。

将工况 1 下的相关参数代入式(8-75)，得到螺旋输送装置的生产率与螺距的关系曲线，并与试验值进行对比，如图 12-4 所示。

通过对图 12-4 中实测值与理论计算值对比分析可知，当输送物料为揉碎玉米秸秆，螺旋轴转速为 58 r·min^{-1}，喂入量为 30 kg·min^{-1}，螺距为 160～300mm 时，螺旋输送装置生产率的理论值与实测值相对误差在 11% 以内，并且理论值均大于实测值。主要原因在于：一方面，建立生产率

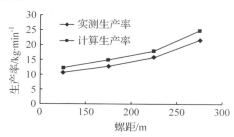

图 12-4　螺距与生产率的关系

模型时忽略了叶片与机壳间的间隙及物料沿叶片高度方向运动的影响；另一方面，由于物料的特殊性质，实际喂入量与理论喂入量存在一定的误差，并且在输送过程中存在轴向滞后，导致实测值小于理论计算值。

12.2.3.2　转速对生产率的影响分析

当螺距 250mm，喂入量 30 kg·min^{-1}，揉碎玉米秸秆的含水率 52.87% 时，测量 28 r·min^{-1}、58 r·min^{-1}、87 r·min^{-1}、117 r·min^{-1} 和 148 r·min^{-1} 5 种转速下螺旋输送装置的生产率，测试次数为 10，测试时间为 10s，试验结果见表 12-2。

表 12-2　不同转速下的生产率

转速/ r·min^{-1}	生产率/kg·min^{-1}										平均值/ kg·min^{-1}
28	9.87	9.96	9.9	9.97	9.83	9.92	9.77	9.43	9.95	9	9.76
58	14.89	16.07	17.18	14.48	15.67	17.79	16.87	14.92	15.39	16.37	15.96
87	24.12	24.42	25.07	24.75	25.89	27.54	26.55	26.43	25.49	25.98	25.62
117	41.51	38.25	40.28	41.09	40.23	39.32	41.98	39.61	40.09	41.04	40.34
148	39.03	37.34	38.89	36.18	37.67	39.02	40.08	38.78	39.14	39.04	38.52

由表 12-2 可知，在物料的含水率、螺距和喂入量一定的情况下，螺旋轴转速在 28～148 r·min^{-1} 的范围内变化时，螺旋输送装置的生产率随着转速的增加呈现先提高后降低的变化趋势。当螺旋轴转速为 28～117 r·min^{-1} 时，生产率随着转速的增加而提高，与图 12-2 中理论模拟曲线有相同的变化规律。当转速大于 117 r·min^{-1} 时，输送生产率开始降低。该结果说明了揉碎玉米秸秆的螺旋轴转速存在一个临界值，并且该值随试验条件的不同而发生变化。当转速大于临界值时，螺旋输送装置的生产率开始降低。根据理论分析可知，随着转速的增加，螺旋轴对物料的离心力作用增大，物料的轴向运动减弱，绕轴运动加剧，导致生产率降低。

将工况 2 下的相关参数代入式（8-75），得到螺旋输送装置生产率与转速的关系曲线，并与试验值进行对比，如图 12-5 所示。

通过对图 12-5 中实测值与理论计算值对比分析可知，当螺距为 250mm，喂入量为 30 kg·min^{-1}，物料的平均含水率为

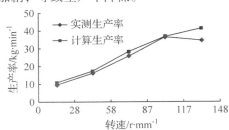

图 12-5　螺旋轴转速与生产率的关系

52.87%，螺旋轴转速在 28~117 r·min⁻¹ 内变化时，螺旋输送装置生产率的理论值与实测值相对误差均在 7.9% 以内，并且理论值均大于实测值。

12.2.3.3 喂入量对生产率的影响分析

当螺距 250mm，转速 58 r·min⁻¹，物料含水率 52.87% 时，测量 10kg·min⁻¹、30kg·min⁻¹、50kg·min⁻¹ 和 70kg·min⁻¹ 4 种不同喂入量下螺旋输送装置的生产率，测试次数为 10，测试时间为 10s，试验结果见表 12-3。

表 12-3 不同喂入量下的生产率

喂入量/ kg·min⁻¹	生产率/kg·min⁻¹										平均值/ kg·min⁻¹
10	8.68	7.54	6.09	5.89	8.29	8.98	7.58	6.04	8.89	6.03	7.401
30	14.89	16.07	17.18	14.48	15.67	17.79	16.87	14.92	15.39	16.37	15.96
50	24.35	23.79	22.19	25.59	24.54	25.59	26.04	25.39	24.04	24.09	24.56
70	32.23	31.22	32.24	32.98	32.32	30.43	30.78	32.95	31.87	30.09	31.71

由表 12-3 可知，在揉碎玉米秸秆的含水率、螺距和螺旋轴转速一定的情况下，喂入量在 10~70 r·min⁻¹ 的范围内变化时，螺旋输送装置的生产率随着喂入量的增大而增大，与图 12-3 中理论模拟曲线有相同的变化规律。由理论分析可知，当喂入量增大时，螺旋槽内揉碎玉米秸秆的密度增大，一方面增大螺旋叶片和机壳所受摩擦力，导致输送功耗增大，并且加快磨损；另一方面，由于揉碎玉米秸秆的复杂特性，喂入量较大时容易产生堵塞。因此，在实际工作中，满足额定生产率的情况下喂入量不宜过大。

将工况 3 下的相关参数代入式(8-75)，得到螺旋输送装置的生产率与喂入量的关系曲线，并与试验值进行对比，如图 12-6 所示。

通过对图 12-6 中实测值与理论计算值对比分析可知，当螺距为 250mm，转速为 58 r·min⁻¹，物料的平均含水率为

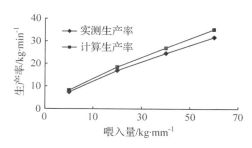

图 12-6 喂入量与生产率的关系

52.87%，喂入量在 10~30 kg·min⁻¹ 的范围内变化时，螺旋输送装置生产率的理论值与实测值相对误差均在 9.7% 以内，并且理论值均大于实测值。

12.2.3.4 含水率对生产率的影响分析

当螺距 250mm，转速 58 r · min^{-1}，喂入量 30 kg · min^{-1} 时，含水率在15.76%~52.87% 范围内，测量 5 种不同含水率下螺旋输送装置的生产率，测试次数为 10，测试时间为 10s，试验结果见表12-4。

表 12-4 不同含水率下的生产率

含水率/%	生产率/kg · min^{-1}										平均值/kg · min^{-1}
15.76	9.45	8.98	9.43	9.25	8.91	9.23	8.89	8.73	9.01	9.12	9.1
22.36	11.98	12.02	11.69	12.21	11.94	12.39	11.54	12.01	12.54	11.09	11.94
31.82	13.08	13.67	13.75	13.03	14.02	13.69	13.45	13.66	14.02	13.76	13.61
42.27	14.43	14.35	14	13.98	14.63	14.34	13.99	14.32	13.59	14.58	14.22
52.87	14.89	16.07	17.18	14.67	15.67	17.79	16.87	14.92	15.39	16.37	15.96

由表12-4 可知，当螺距为 250mm，螺旋轴转速为 58 r · min^{-1}，喂入量为 30 kg · min^{-1}，揉碎玉米秸秆的平均含水率为 15.76%~52.87% 时，螺旋输送装置的生产率随着物料含水率的增大而提高，但两者之间不满足线性关系。

根据揉碎玉米秸秆的摩擦系数测试试验结果可知，含水率在 15.76%~52.87% 的范围内，随着含水率的增大，物料与接触面间摩擦系数增大，导致摩擦力增大，物料的运动速度受到很大的影响，因此单位时间内螺旋输送装置的输送量随含水率的增大而逐渐增大，而不是直线上升，如图12-7 所示。

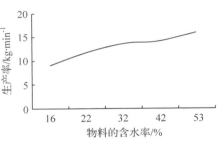

图 12-7 含水率与生产率的关系

12.3 螺旋输送功耗理论分析

功耗是农业纤维物料螺旋输送性能的主要指标之一。对输送功耗进行理论分析，分析功耗产生的原因，研究输送装置的结构参数、运动参数及物料的力学特性对功耗的影响可为螺旋输送装置的设计提供理论指导。

在第 8 章中，本研究分析并建立了揉碎玉米秸秆螺旋输送装置输送功耗的数学模型。研究对理论模型进行模拟计算，获得相关参数对输送功耗的影响规律。

12.3.1　输送长度对功耗的影响

从图 12-8 可以看出，当螺距、螺旋轴转速和喂入量一定的情况下，螺旋输送装置的输送功耗随着输送长度的增加而增大。由理论分析可知，随着输送长度的增加，揉碎玉米秸秆的密度增大，运动速度减小，物料不断的被挤压，对螺旋叶片及机壳的摩擦阻力也随之增大，导致输送功耗增大。

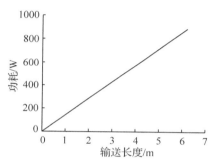

图 12-8　输送长度与功耗的关系

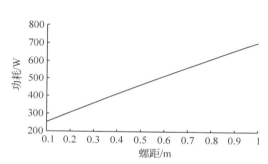

图 12-9　螺距与功耗的关系

12.3.2　螺距对功耗的影响

当螺旋轴转速和喂入量一定时，螺距与功耗的关系，如图 12-9 所示。由图中曲线的变化趋势可以看出，螺旋输送装置的输送功耗随着螺距的增大而增大。主要原因是，根据前面理论分析（图 8-19）可知，当螺旋轴转速一定的情况下，随着螺距的增大，螺旋叶片运送速度加快，因此揉碎玉米秸秆的流动动能增大，所消耗的功耗增大。

12.3.3　转速对功耗的影响

当螺距和喂入量一定时，螺旋轴转速与功耗的关系如图 12-10 所示。由图中曲线的变化趋势可以看出，螺旋输送装置的输送功耗随着螺旋轴转速的增加而增大。根据以上分析可知，转速的增加不仅增大物料的流动动能，而且增大物料与螺旋叶片和机壳间的摩擦力，因此输送功耗增大。

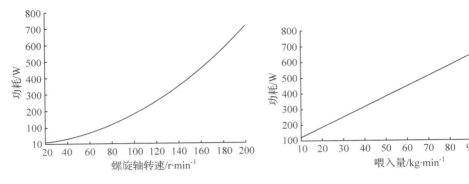

图 12-10 转速与功耗的关系   图 12-11 喂入量与功耗的关系

12.3.4 喂入量对功耗的影响

式(8-85)中ρ_1是喂入量所对应的初始密度，因此，将ρ_1代入式(8-82)替代ρ可得喂入量与功耗的关系曲线，如图 12-11 所示。由图可以看出，输送装置的功耗随着喂入量的增大而增大。根据以上分析可知，当喂入量增大时，螺旋槽内揉碎玉米秸秆的密度增大，螺旋叶片和机壳所受摩擦力增大，导致输送功耗增大。

12.3.5 摩擦系数对功耗的影响

图 12-12 是揉碎玉米秸秆与接触面间摩擦系数与输送功耗的关系曲线。由图可知，随着物料与螺旋叶片和机壳间摩擦系数的增大，螺旋输送装置的输送功耗增大。根据理论分析可知，当揉碎玉米秸秆与螺旋叶片和中心轴间的摩擦系数增大时，物料容易做绕轴运动，当物料与机壳间摩擦系数增大时，物料的绕轴运动减弱，但摩擦阻力增大，因此输送功耗随之增大。

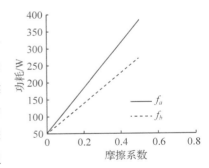

图 12-12 摩擦系数与功耗的关系

12.4 输送功耗试验研究

为了验证所建输送功耗表达式，同时为了研究输送装置功耗与其结构、运动参

数及揉碎玉米秸秆力学特性的关系，对各种工况下螺旋输送装置所消耗的功耗进行
试验研究。

12.4.1 试验工况

本试验以揉碎玉米秸秆为试验物料，并在第 4 章中所选定的 4 个工况下对螺旋
输送装置功耗进行试验研究。

12.4.2 测试系统

自制螺旋输送试验装置，采用北京三晶创业科技集团有限公司研发的 JN338 型
扭矩转速传感器（图 12-13），对输送装置在不同工况下运行时的功耗进行实时测试，
使用配套的 JN338 型智能数字式转矩转速测量仪表（图 12-14）进行数据采集并输出。

图 12-13　扭矩转速传感器　　　　**图 12-14　转矩转速测量仪表**

功耗测试系统的结构框图，如图 12-15 所示。

图 12-15　测试系统结构框图

12.4.3 试验结果及分析

12.4.3.1 螺距对功耗的影响分析

当螺旋轴转速 58 r·min⁻¹，喂入量 30 kg·min⁻¹，揉碎玉米秸秆的含水率
52.87%时，测试 4 种不同螺距下螺旋输送装置的功耗，测试次数为 10，测试时间
为 10s，试验数据见表 12-5。

表 12-5　不同螺距下的功耗

螺距/mm	功耗/W									平均值/W
160	268.9	263	260	262.4	258.8	267.8	257.5	262.4	266.5	266	263.3
200	252.5	257.4	250.2	248.4	249.6	250.5	252.3	252.1	246.8	247.7	250.8
250	238.4	250.6	249.9	251.3	246.6	254.3	241.4	240	249.4	240.2	246.2
300	271	268.3	261.4	279.4	261.1	279.4	265.9	279	272.4	278	271.6

由表 12-5 可知，当物料的含水率、螺旋轴转速和喂入量一定的情况下，螺距在 160～300mm 的范围内变化时，随着螺距的增大，输送功耗呈先减小后增大的变化趋势，与图 12-8 中理论模拟曲线的变化规律有所不同。螺距为 250mm 时输送功耗最低，螺距为 300mm 时输送功耗最大。原因是：螺距为 160mm 时，叶片的运送速度最慢，物料在狭小的空间内运动时堆积量大，物料的密度大。由表 10-1 可知，物料与叶片和机壳间的摩擦系数随物料密度的增大而增大。因此，螺距变小，物料与接触面间的摩擦力增大，功耗随之增大。由理论分析可知（图 8-19），在其他参数不变的情况下，螺距越大，叶片推运速度则越快，因此螺距为 300mm 时物料的流动动能最大，所消耗的功耗也最大。

将工况 1 下的相关参数代入式（8-82），得到螺旋输送装置功耗与螺距的关系曲线，并与试验值进行对比，如图 12-16 所示。

通过对图 12-16 中实测值与理论计算值对比分析可知，当输送物料为揉碎玉米秸秆，螺旋轴转速为 58 r·min^{-1}，喂入量为 30 kg·min^{-1}，螺距为 160～300mm 时，螺旋输送装置功耗的实测值均大于理论值。

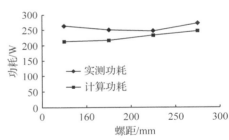

图 12-16　螺距与功耗的关系

主要原因在于，揉碎玉米秸秆在螺旋槽内运动存在摩擦、搅拌、缠绕、抱团聚集从而消耗一部分功率，而理论计算中未考虑该部分功耗，因此实测值大于理论计算值。

12.4.3.2　转速对功耗的影响分析

当螺距 250mm，喂入量 30 kg·min^{-1}，揉碎玉米秸秆的含水率 52.87% 时，测试 5 种不同转速下螺旋输送装置的功耗，测试次数为 10，测试时间为 10s，试验数据见表 12-6。

表 12-6　不同转速下的功耗

转速/r · min^{-1}	功耗/W									平均值/W
28	101.2	98.5	88.3	95.9	89.5	99	88	100.5	99.4	89	94.9
58	238.4	250.6	249.9	251.3	246.6	254.3	241.4	240	249.4	240.2	246.2
87	304	290.5	299.6	298.2	301.3	279.4	297.4	289.3	298.5	301.4	296
117	314.4	325.5	318.6	310.6	320.5	319.4	320.5	328.5	318.9	332.5	320.9
148	354.3	365	355.7	361.5	354.9	355.1	376.4	359.4	354.5	356.2	359.3

　　由表 12-6 可知，在物料的含水率、螺距和喂入量一定的情况下，螺旋轴转速在 28~148 r · min^{-1} 的范围内变化时，螺旋输送装置的功耗随着转速的增加而增大，与图 12-10 中理论模拟曲线有同样的变化规律。根据接触力学理论，结合揉碎玉米秸秆的柔软、松散等性质得知，物料与螺旋叶片和机壳的接触存在分离、完全黏着、完全滑动和部分滑动 4 种状态。当螺旋轴转速改变时，物料与接触面之间的相对切向速度发生变化会导致摩擦系数改变，使得接触状态发生变化，从而接触面的压力会随之改变。根据 Stribeck 摩擦模型可知，两接触体间的相对切向速度与摩擦系数存在一定的非线性，随着螺旋轴转速的增加，物料与接触面间的摩擦系数先减小后增大。在摩擦系数减小的过程中，物料群与接触面产生相对滑动，此时物料与接触面间的摩擦力是功率消耗的主要原因。当摩擦系数随转速的增加而增大时，物料与接触面间的摩擦力增大，物料完全黏着在接触面上，或者部分物料相对接触面滑动。此时，随着螺旋叶片做圆周运动的物料和轴向移动的物料间的力是功率消耗的主要原因。因此螺旋轴转速越高，输送装置所消耗的功率越大。

　　将工况 2 下的相关参数代入式（8-82），得到螺旋输送装置功耗与转速的关系曲线，并与试验值进行对比，如图 12-17 所示。

　　通过对图 12-17 中实测值与理论计算值对比分析可知，当螺距为 250mm，喂入量为 30 kg · min^{-1}，输送物料平均含水率为 52.87%，螺旋轴转速在 28 ~ 148 r · min^{-1}

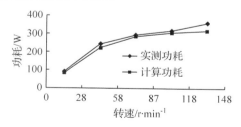

图 12-17　转速与功耗的关系

的范围内变化时，螺旋输送装置输送功耗的理论值与实测值相对误差均在 8.5% 以内，并且实测值均大于理论值。

12.4.3.3 喂入量对功耗的影响分析

当螺距 250mm，转速 58 r·min⁻¹，揉碎玉米秸秆的含水率 52.87% 时，测试 5 种不同喂入量下螺旋输送装置的功耗，测试次数为 10，测试时间为 10s，试验数据见表 12-7。

表 12-7　不同喂入量下的功耗

喂入量/kg·min⁻¹	功耗/W										平均值/W
10	97.5	100.4	99.2	104.6	100.4	98.5	97.4	102.5	97.4	103.3	100.1
30	238.4	250.6	249.9	251.3	246.6	254.3	241.4	240	249.4	240.2	246.2
50	389.3	378.4	391.3	390.3	376.8	389.4	398.4	401.4	399.8	389.5	390.5
70	521.4	511.9	530.5	499.8	527.5	530.9	527.5	520.4	519.4	498.4	518.78

由表 12-7 可知，在物料的含水率、螺距和螺旋轴转速一定的情况下，喂入量在 10~70 r·min⁻¹ 的范围内变化时，螺旋输送装置的功耗随着喂入量的增大而呈增大的变化趋势，与图 12-11 中理论模拟曲线有相同的变化规律。分析可知，螺旋叶片、机壳各部位所受压力和轴向推力随喂入量的增大而增大，导致输送装置的功耗增大。

将工况 3 下的相关参数代入式(8-82)，得到螺旋输送装置的功耗与喂入量的关系曲线，并与试验值进行对比，如图 12-18 所示。

通过对图 12-18 中实测值与理论计算值对比分析可知，当螺距为 250mm，螺旋轴转速为 58 r·min⁻¹，物料的平均含水率为 52.87%，喂入量在 10~30 kg·min⁻¹ 的范围内变化时，螺旋输送装置的功耗理论值与实测值相对误差均在 8% 以内，并且实测值均大于理论值。

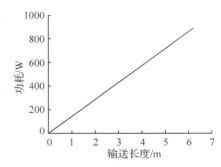

图 12-18　喂入量与功耗的关系

12.4.3.4 含水率对功耗的影响分析

当螺距 250mm，转速 58 r·min⁻¹，喂入量 30 kg·min⁻¹ 时，测试 5 种不同含水率下螺旋输送装置的功耗，测试次数为 10，测试时间为 10s，试验数据见表 12-8。

表 12-8　不同含水率下的功耗

含水率/%	功耗/W										平均值/W
15.76	540.5	601.3	610.5	579.5	569.4	550	596.5	600.5	605.3	599.5	585.3
22.36	495.3	488	496.9	493.3	489.4	493.5	498.5	488.4	487.8	493.5	492.5
31.82	301.4	309.4	310.3	311.4	312.5	309.6	314.3	329.6	321.5	265.8	308.6
42.27	284.9	271.4	273.1	264.3	299.9	273	255.6	260.7	275.9	288	274.7
52.87	238.4	250.6	249.9	251.3	246.6	254.3	241.4	240	249.4	240.2	246.2

由表 12-8 可知，当螺距为 250mm，螺旋轴转速为 58 r·min^{-1}，喂入量为30kg·min^{-1}，物料的平均含水率 15.76% ~ 52.87% 时，螺旋输送装置的功耗随着物料含水率的增大而减小，但不是线性变化，如图 12-19 所示。由前面分析可知，当螺距、螺旋轴转速和喂入量一定时，物

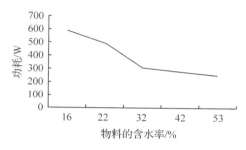

图 12-19　含水率与功耗的关系

料的含水率越高，螺旋槽内揉碎玉米秸秆的密度越小，对螺旋叶片和机壳的摩擦力就越小，推力轴承处的轴向推力随其减小，因此输送装置的功耗越小。

12.4.4　比功耗

输送生产率和输送功耗是衡量揉碎玉米秸秆螺旋输送性能的主要指标。此前，分别从理论分析和试验研究的角度分析了相关参数对生产率和功耗的影响机理。但在实际中，生产率和功耗之间存在一定的关系，应将两个指标结合起来考虑，并作为螺旋输送装置输送性能的指标。因此，引入了比功耗的概念。

比功耗是指输送单位质量物料所消耗的功率，是衡量螺旋输送装置输送效率的重要指标。计算式为：

$$\eta = \frac{E}{Q_g} \tag{12-1}$$

式中　E——螺旋输送装置的总功耗，$E = k(E_{11} + E_{22} + E_{33})$；

Q_g——生产率，$Q_g = Q_v\rho = 2\pi rn\rho \dfrac{\tan\alpha\tan\theta}{\tan(\alpha+\theta)}\left[\dfrac{\pi(D^2-d^2)}{4} - \dfrac{eH}{\sin\bar{\alpha}}\right]$；

H——比功耗，W·kg^{-1}。

在生产率和功耗测试试验结果的基础上，计算了螺旋输送装置在不同螺距、螺旋轴转速和喂入量下输送不同含水率的揉碎玉米秸秆时的比功耗。同时将相关参数代入式(12-1)得到参数与比功耗的关系曲线，并与实测值进行对比，分析参数对比功耗的影响机理。

12.4.4.1　螺距对比功耗的影响

由于农业纤维物料自身物理特性的原因，形状保持能力较差，如果选用较小的螺距时，在螺旋槽狭小的空间内输送时，容易产生物料与物料之间抱团、缠绕等问题的出现，与此同时，还会产生物料与螺旋叶片、螺旋轴、壳体之间较大的摩擦力，产生输送滞后导致螺旋输送装置的生产率降低，输送功耗增大。反之，螺距较大时，物料在较大的空间输送过程中，物料与物料之间的相互挤压程度降低，物料的流动性好，螺旋叶片的推送速度增大，使物料向前运动的速度增大，从而提高生产率，与此同时输送功耗也随之增大。通过上述分析得知，螺距的大小对螺旋输送装置的生产率以及输送功耗有很大的关系。将输送功耗与生产率的比值作为比功耗，也就是说螺距的大小影响着比功耗的大小，进而影响着螺旋输送装置输送性能的好坏。

从图12-20可以看出，当螺旋转速58 r·min^{-1}，喂入量30 kg·min^{-1}，物料的含水率52.87%，螺距在160~300 mm的范围内变化时，随着螺距的增大，螺旋输送装置的比功耗降低。比功耗的理论曲线和试验曲线有相同的变化规律，理论计算值和实测值相对误差均在13.4%以内，并且理论值小于实测值。主要原因在于，根据生产率和功耗的理论分析和试验结果可知，在试验参数范围内，生产率的理论计算值大于实测值，功耗的理论计算值小于实测值，使得功耗和生产率的理论计算比值，即比功耗小于实测值。因此，通过对比功耗的理论值和实测值进行回归分析得出修正系数 $\gamma_s = 0.69$，并加以修正理论模型。对理论模型修正后，当螺距为160~300mm时，比功耗的理论计算值与实测值相对误差均在6.1%以内。

12.4.4.2　转速对比功耗的影响

从图12-21可以看出，在试验参数范围内，随着螺旋轴转速的增加，比功耗的理论计算值降低，而实测比功耗先降低后增大。这是由于揉碎玉米秸秆的螺旋输送过程中存在临界转速的缘故。这一点可以从生产率测试试验结果得知，当螺旋轴转速大于117 r·min^{-1}时，螺旋输送装置的生产率开始降低，理论分析未能体现这一点。

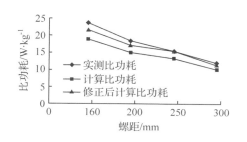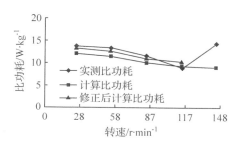

图 12-20 螺距与比功耗的关系   图 12-21 转速与比功耗的关系

螺旋轴转速在 $28 \sim 117 \ r \cdot min^{-1}$ 内变化时，螺旋输送装置比功耗的理论值与实测值相对误差均在 9.8% 以内，并且理论值均小于实测值。主要是由于转速的作用使得实测生产率比理论值小、实测功耗比理论值大的缘故。因此，只需将比功耗理论值除以修正系数 γ_n 即可。通过对比功耗的理论值和实测值进行回归分析得出修正系数 $\gamma_n = 0.79$，并加以修正理论模型。对理论计算模型修正后，当螺旋轴转速在 $28 \sim 117 \ r \cdot min^{-1}$ 时，比功耗的理论计算值与实测值相对误差均在 5.4% 以内。

12.4.4.3 喂入量对比功耗的影响

从图 12-22 可以看出，在试验参数范围内，随着喂入量的增大，实测比功耗和理论计算值均增大。比功耗的理论计算值和实测值相对误差均在 12.7% 以内，并且理论值小于实测值。因此，通过对比功耗的理论值和实测值进行回归分析得出修正系数 $\gamma_n = 0.74$，并加以修正理论模型。对理论计算模型修正后，当喂入量在 $10 \sim 70 \ kg \cdot min^{-1}$ 时，比功耗的理论计算值与实测值相对误差均在 5.1% 以内。

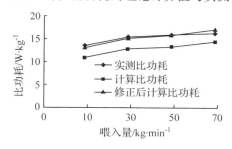

图 12-22 喂入量与比功耗的关系   图 12-23 含水率与比功耗的关系

12.4.4.4 含水率对比功耗的影响

从图 12-23 可以看出，当螺距、转速和喂入量均一定的情况下，随着揉碎玉米秸秆含水率的增大，螺旋输送装置的比功耗降低。

12.4.5　螺旋输送正交试验

通过单因素试验结果可知，螺距、螺旋轴转速、喂入量和含水率对揉碎玉米秸秆的螺旋输送过程均有一定的影响，各因素不同水平对比功耗和轴向推力影响不同。本研究利用正交试验方法，根据单因素试验结果，选取螺距、螺旋轴转速和喂入量3个因素的3个较优水平进行正交试验，将比功耗和轴向推力作为指标，确定试验范围内比功耗低、轴向推力小的螺距、螺旋轴转速和喂入量的水平组合。试验物料选取含水率为52.87%的揉碎玉米秸秆。试验选定的因素水平见表12-9。

根据选定的因素水平选用 $L_{18}(3^7)$ 型正交表进行正交试验，试验结果见表12-10。

表 12-9　试验因素水平

因素水平	A 螺距/mm	B 螺旋轴转速/r·min^{-1}	C 喂入量/kg·min^{-1}
1	200	58	10
2	250	87	30
3	300	117	50

表 12-10　正交试验因素与水平组合及试验结果

试验号	因素							试验指标	
	A 螺距	B 转速	$A \times B$	空列	C 喂入量	$A \times C$	$B \times C$	比功耗 /W·kg^{-1}	轴向推力 /N
1	1	1	1	1	1	1	1	17.43	181.7
2	1	2	2	2	2	2	2	15.7	192.3
3	1	3	3	3	3	3	3	22.29	200.23
4	2	1	1	2	2	3	3	12.32	173.84
5	2	2	2	3	3	1	1	18.2	182.8
6	2	3	3	1	1	2	2	21.29	168.5
7	3	1	2	1	3	2	3	18.06	164.35
8	3	2	3	2	1	3	1	13.54	172.9
9	3	3	1	3	2	1	2	17.5	163.9
10	1	1	3	3	2	2	1	20.03	181.7
11	1	2	1	1	3	3	2	18.5	192.3
12	1	3	2	2	1	1	3	20.01	200.23
13	2	1	2	3	1	3	2	15.7	140.1
14	2	2	3	1	2	1	3	11.3	200.44
15	2	3	1	2	3	2	1	22.79	190.1
16	3	1	3	2	3	1	2	13.6	164.35

（续）

试验号	因素		$A \times B$	空列	C	$A \times C$	$B \times C$	试验指标	
	A 螺距	B 转速			喂入量			比功耗 /$W \cdot kg^{-1}$	轴向推力 /N
17	3	2	1	3	1	2	3	11.3	151.24
18	3	3	2	1	2	3	1	15.32	163.9
比功耗 k_{j1}	119.84	102.82	108.36	106.25	101.26	99.74	107.31	主次顺序：B、A、	
k_{j2}	101.6	88.54	102.99	97.96	92.17	109.17	102.29	C、$B \times C$、$A \times C$、A	
k_{j3}	89.32	119.2	109.59	105.02	113.44	97.67	95.28	$\times B$	
R_j	30.52	30.66	6.6	8.29	21.27	11.5	12.03	最优组合：$A_3B_2C_2$	
轴向推力 k_{j1}	1148.5	1006.0	1053.1	1071.2	1014.7	1093.4	1073.1	主次顺序：A、B、	
k_{j2}	1056	1092	1043.7	1093.7	1076.1	1048.2	1021.5	C、$B \times C$、$A \times C$、	
k_{j3}	980.64	1086.9	1088.1	1029.5	1094.1	1043.3	1090.3	$A \times B$	
R_j	167.82	85.94	44.44	64.25	79.46	50.15	68.88	最优组合：$A_3B_1C_1$	

由正交试验极差分析结果可知，对螺旋输送装置比功耗影响因素由主到次排序为转速、螺距、喂入量，即转速对比功耗的影响最大；对螺旋输送装置轴向推力影响因素由主到次排序为螺距、转速、喂入量，即螺距对轴向推力的影响最大。

在螺距所选择的 3 个水平中，随着螺距的增大，比功耗降低，轴向推力减小；螺旋轴转速在选择的 3 个水平中，随着转速的增加，比功耗降低，轴向推力增大；喂入量在选定的 3 个水平中，随着喂入量的增大，比功耗增大，轴向推力增大。综上分析，影响比功耗因素的较优水平组合是：$A_3B_2C_2$，影响轴向推力因素的较优水平组合是：$A_3B_1C_1$。

对螺距、转速和喂入量进行了方差分析，结果见表 12-11、表 12-12。

表 12-11　比功耗的方差分析

源	平方和	df	均方	F	Sig
模型	5364.321[a]	13	412.640	105.173	0.000
A	50.594	2	25.297	6.448	0.041
B	83.369	2	41.684	10.624	0.016
$A \times B$	0.872	2	0.436	0.111	0.897
C	39.090	2	19.545	4.982	0.065
$A \times C$	14.237	2	7.118	1.814	0.256
$B \times C$	12.170	2	6.085	1.551	0.299
误差	19.617	5	3.923		
总计	5383.938	18			

表 12-12　轴向推力的方差分析

源	平方和	df	均方	F	Sig
模型	554 945.943[a]	13	42 688.149	352.790	0.000
A	3385.176	2	1692.588	13.988	0.009
B	956.019	2	478.009	3.950	0.094
A × B	977.761	2	488.881	4.040	0.090
C	4147.357	2	2073.679	17.138	0.006
A × C	141.372	2	70.686	0.584	0.592
B × C	130.111	2	65.056	0.538	0.614
误差	605.008	5	121.002		
总计	555 550.952	18			

由方差分析结果可知，螺距、转速和喂入量对比功耗和轴向推力的影响均显著，因素间的交互作用对试验指标的影响不显著。

通过理论分析和试验研究，找出了螺旋输送装置的生产率与螺距、转速、喂入量和物料含水率间的关系，揭示了参数对生产率的影响机理。结果表明，在试验参数范围内，增大螺距和喂入量可以提高生产率，在 $28 \sim 117$ r·min^{-1} 的范围内，增加螺旋轴转速可以提高生产率，并且 117 r·min^{-1} 是本章试验条件下螺旋输送装置的临界转速。在其他参数一定的情况下，揉碎玉米秸秆的含水率越高，输送装置的生产率越高。

通过对比试验结果和理论分析发现，除了转速为 148 r·min^{-1} 以外，螺旋输送装置生产率的理论分析曲线和试验曲线具有相同的变化规律，并且理论值均大于实测值。

通过理论分析和试验研究，找出了螺旋输送装置的功耗与螺距、转速、喂入量和物料含水率间的关系，揭示了参数对功耗的影响机理。结果表明，在试验参数范围内，螺距 250mm 时输送功耗最小，螺距 300mm 时输送功耗最大，转速和喂入量的增加增大功耗，在其他参数不变的情况下，物料的含水率越高，输送装置所消耗的功率越低。

通过对比分析功耗的试验结果与理论分析发现，除了螺距试验以外，理论曲线与试验曲线基本吻合，并且理论值均小于实测值。

建立了螺旋输送装置比功耗的数学模型，并通过比功耗试验数据修正了该模型。在此基础上，以比功耗和轴向推力为试验指标进行了正交试验，试验结果表明，对螺旋输送装置比功耗影响因素的主次顺序为：转速、螺距、喂入量，较优水平组合为：螺距 300 mm，转速 87 r · min^{-1}，喂入量 30 kg · min^{-1}；对螺旋输送装置轴向推力影响因素的主次顺序为：螺距、转速、喂入量，较优水平组合为：螺距 300 mm，转速 58 r · min^{-1}，喂入量 10 kg · min^{-1}。

Chapter thirteen | 第 13 章
揉碎玉米秸秆
螺旋输送试验

13.1　试验因素

对于螺旋输送机而言，衡量其输送性能的主要参数是生产率和功率消耗，由于螺旋轴的转速、螺距、轴径、叶片直径等都是影响生产率和功耗的主要因素，对于输送的物料特性而言，含水率、磨琢性、流动性等也会影响螺旋输送的生产率和功耗，所以，本研究最终选取螺距、转速、含水率为试验因素。螺距选定为 160 mm、200 mm、250 mm 3 个水平，转速选 15 r·min^{-1}、30 r·min^{-1}、50 r·min^{-1}、70 r·min^{-1} 4 个水平，含水率选取压块机压缩效果较好的含水率范围，具体为选 13%、23%、38%、56%、72% 5 个水平。

本研究先通过研究单因素对试验指标的影响，从而得出各个因素下的较优水平，然后选择合理的水平进行正交试验得出影响试验指标的主次因素，在研究单因素试验时，利用应用较广泛的 SPSS 软件先对各因素进行显著性分析，如果因素影响显著，则接着对其进行规律分析，若因素影响不显著，则剔除该因素。

在不同含水率下将物料装袋备好，待试验输送使用，试验分几部分完成：先进行单因素试验的研究，选择转速分别是 15 r·min^{-1}、30 r·min^{-1}、50 r·min^{-1}、70 r·min^{-1} 对物料进行输送，此时螺距和含水率是相同的，记录试验数据，从而得出转速对输送量和功耗的影响；利用已加工的 3 根外径相同，不同螺距的轴，在一定转速和含水率下对不同螺距进行试验研究，通过试验数据得出螺距的变化对输送量和功耗的影响；通过自然风干、喷水、匀湿等方法获得不同含水率，选取含水率分别是 13%、23%、38%、56%、72% 5 种物料含水率，选择一定的转速和同一螺距下进行试验，得出的是含水率的改变对试验指标的影响程度，这三部分是单因素试验需要完成的内容。

本试验中用的是呼和浩特市郊范家营村 9 月采摘后的玉米秸秆，玉米品种"哲单七号"，玉米秸秆经 9R-40 型揉碎机进行揉碎。

13.2 单因素试验

13.2.1 转速对试验指标的影响

13.2.1.1 转速对输送量的影响

当螺距为 200mm，含水率为 72% 时，转速为 15 r·min⁻¹、30 r·min⁻¹、50 r·min⁻¹和 70 r·min⁻¹状态下的试验结果如图 13-1 所示。

当螺距为 250mm，含水率为 23%（在自然风干下得到的状态）时，转速为 15 r·min⁻¹、30 r·min⁻¹、50 r·min⁻¹和 70 r·min⁻¹的试验结果如图 13-2 所示。

由试验结果可知，螺旋轴转速对输送量的影响是显著的。

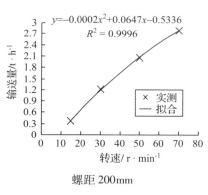

螺距 200mm

图 13-1 转速与输送量的关系

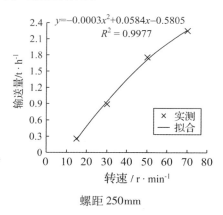

螺距 250mm

图 13-2 转速与输送量的关系

通过对数据进行多项式拟合，获得相应的拟合曲线，由图 13-1 和图 13-2 可以看出，在试验转速范围内，输送量随着转速的增大而增大，转速是 15 r·min⁻¹时，输送量最小，转速是 70 r·min⁻¹时，输送量达到最大。

由于玉米秸秆物料在料槽中是一个复合运动，既有轴向运动，又有径向运动，因此，螺旋轴的转速可以分解为轴向转速和径向转速，在螺旋升角一定的情况下，随着螺旋轴转速的增大，轴向和径向转速都分别增大，靠近螺旋轴的玉米秸秆其圆周向转速比外层的物料大，但是轴向转速却比外层小；反之，远离螺旋轴的玉米秸秆物料轴向转速比内部物料大，其圆周速度却比内部的物料小，这样，内层物料就容易随轴转动，形成一个附加的物料流，又因为螺旋轴的转速并没有超过主轴的最大转速，所以这种物料流对物料运动的影响并不显著，即径向速度增大对物料运动轨迹影响不大，但是随着轴向速度的增大，物料在轴向移动加快，在一定时间内，物料数量增多，这也就是输送量随着转速的增大而增大的原因。

13.2.1.2 转速对功耗的影响

当螺距为 200mm，含水率为 72% 时，转速为 15 $r \cdot min^{-1}$、30 $r \cdot min^{-1}$、50 $r \cdot min^{-1}$ 和 70 $r \cdot min^{-1}$ 状态下，转速对功耗的影响曲线如图 13-3 所示。

当螺距为 250mm，含水率为 23% 时，转速为 15 $r \cdot min^{-1}$、30 $r \cdot min^{-1}$、50 $r \cdot min^{-1}$ 和 70 $r \cdot min^{-1}$，转速与功耗之间的关系如图 13-4 所示。

通过对试验结果进行显著性检验，结果表明，转速对功耗的影响是显著的。

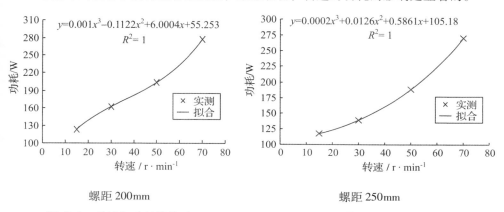

图 13-3　转速与功耗的关系　　　　图 13-4　转速与功耗的关系

根据传统理论，转速与功耗之间呈立方关系，通过对试验数据进行多项式拟合，相关系数都是 1，由拟合曲线可以看出，在试验转速范围内，转速越大，功耗越大，转速是 15 $r \cdot min^{-1}$ 时，功耗最小，转速达到 70 $r \cdot min^{-1}$ 时，功耗也达到最大。随着转速的变大，功耗的变化越快，转速较低时，物料处于散粒状态，功耗增加趋势较缓，当转速达到 50 $r \cdot min^{-1}$ 以上时，形成一个物料流，螺旋输送需要的功耗就明显增加，与之前较小转速相比增加较快。

在对揉碎玉米秸秆的螺旋输送过程中，随着转速的增大，其分解在轴向的转速和径向的转速都随之增大，在前面对转速对输送量影响的分析中，说明了物料输送的过程中会形成附加的物料流，而随着径向转速的增大，物料容易绕轴转动，部分物料落下来，部分物料绕轴落到下一个螺距中，这样会消耗部分功率，径向速度越大，附加的物料流转动等消耗的功率越多，再加上轴向速度增大，轴向运动物料单位时间内增多，消耗功率也增多，所以，功耗随着转速的增大而增大。

13.2.2 螺距对试验指标的影响

13.2.2.1 螺距对输送量的影响

将转速设定为 $70\ \mathrm{r\cdot min^{-1}}$，分别选择含水率为23%和72%进行试验，得出两种含水率下，不同螺距对输送量的影响，结果如图13-5所示。

显著性检验结果表明，螺距对输送量的影响是显著的。

螺距决定着螺旋升角的大小和物料运行的滑移面，因此螺距的大小会影响玉米秸秆的输送过程。在等轴径的情况下，螺距越大，螺旋升角就越大，按照运动学的分析过程，在螺旋主轴转速一定且不超过最大值的情况下，螺旋升角越大，轴向速度越大，径向速度也相应的增大，由于在不超过最大转速下，附加物料流的影响不大，所以螺旋升角的大小直接影响着轴向速度，当螺旋升角增大时，轴向速度增大，进而使得输送量增大，所以，螺距越大，输送量越大。理论分析对于螺旋输送的螺距与输送量的关系是线性关系，而通过对试验数据的分析其线性关系拟合较好，能够代表数据发展趋势，并且对理论公式有了较好的验证。

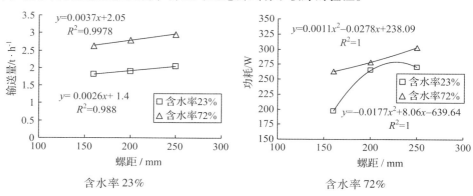

含水率23% （图13-5左图）

含水率72% （图13-6右图）

图13-5　螺距与输送量的关系　　　　图13-6　螺距与功耗的关系

13.2.2.2 螺距对功耗的影响

选螺旋轴转速为 $70\ \mathrm{r\cdot min^{-1}}$，含水率分别为23%和72%进行试验，分别得出不同状态下，不同螺距对功耗的影响规律，试验结果如图13-6所示。

由试验结果可以看出，含水率为 72% 时，螺距越大，功耗越大，并且变化趋势相对平稳，而含水率在 23% 的状态下，螺距越大，功耗变化趋势较明显。

通过显著性检验结果表明，螺距对功耗的影响是显著的。

分析可知，在等轴径下，螺距越大，螺旋升角越大，由理论分析可知，随着螺旋升角的增大，轴向力逐渐减小，圆周力逐渐增大，随着圆周力的逐渐增大，被输送玉米秸秆物料受到的扭转程度也越大，当增大到一定程度时，物料所受的摩擦力和自身的重力就无法与圆周力相平衡，这样导致物料沿轴翻滚，消耗功率，使得功耗增大。由于含水率在 72% 时，物料之间互相缠绕情况几乎没有，所以功耗随螺距变化趋势具有一定的规律，而含水率在 23% 时物料缠绕状况较严重，在 160mm 的螺距下，由于螺旋升角相对较小，物料在输送过程中的翻滚程度较轻，所以功耗较小，但是在螺距 200mm 和 250mm 的情况下，物料翻滚程度增大，再加上物料本身的缠绕，使得物料在料槽内缠绕更加严重，在螺旋输送时势必消耗更多的功率，所以功耗变化趋势明显。

13.2.2.3　含水率对试验指标的影响

（1）含水率对输送量的影响

当转速为 70 r·min^{-1}，螺距为 250mm 时，分别进行含水率为 13%、23%、38%、56%、72% 的试验，对试验数据结果进行多项式拟合，含水率与输送量的试验结果和拟合结果如图 13-7 所示。

当转速为 50 r·min^{-1}，螺距为 200mm 时，分别进行含水率为 13%、23%、38%、56%、72% 的试验，试验数据结果和拟合结果如图 13-8 所示。

通过显著性检验结果表明，含水率对输送量的影响是显著的。

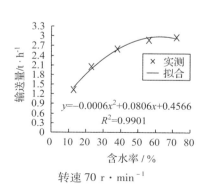

转速 70 r·min^{-1}

图 13-7　含水率与输送量的关系

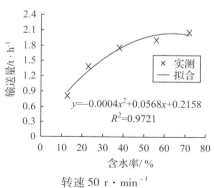

转速 50 r·min^{-1}

图 13-8　含水率与输送量的关系

由图 13-7 和图 13-8 可以看出，无论转速和螺距在哪种组合下，输送量都随着含水率的增大而增大，减小而减小，当含水率是 13% 时，输送量较小，当含水率是 72% 时，输送量最大。由于含水率越低，物料缠绕性越强，在一定转速和螺距下，靠近轴的附加物料流绕轴转动，由于物料缠绕性，则与轴附近的物料缠绕在一起的部分物料也绕轴运动，轴向运动的物料减少，输送量相应降低，所以，含水率越低，输送量越低。另外，由于物料含水率越低，重量越小，所以在称重时得到的输送量值越小，总之，含水率越大，物料的流动性越好，输送状况也越好。

（2）含水率对功耗的影响

选择转速为 70 r·min^{-1}，螺距为 250mm，分别进行含水率为 13%、23%、38%、56%、72% 的试验，试验结果和拟合结果如图 13-9 所示。

选择转速为 50 r·min^{-1}，螺距为 200mm，分别进行含水率为 13%、23%、38%、56%、72% 的试验，试验结果和拟合曲线如图 13-10 所示。通过显著性检验结果表明，含水率对功耗的影响是显著的。

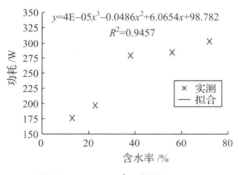

转速 70 r·min^{-1}，螺距 250mm

图 13-9　含水率与功耗的关系

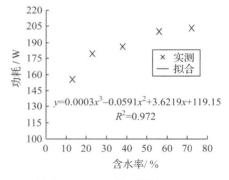

转速 50 r·min^{-1}，螺距 200mm

图 13-10　含水率与功耗的关系

由图 13-9 和图 13-10 可看出，在两组转速和功耗组合下，含水率越大，功耗越大，当含水率是 13% 时，功耗最小。主要是由于物料含水率越大，流动性也越好，其重量也越大，由于流动性越好，输送量就越大，所需要消耗的功率就越大。另外，物料本身的重量越大，推动物料轴向运动的力就必须越大，因而螺旋轴上的合力就需要增大，螺旋轴的扭矩增大才能满足这个要求，但是扭矩增大，螺旋主轴的功耗必然增加，所以，功耗随着含水率的增大而增大。

13.3 多因素试验

13.3.1 正交试验与极差分析

通过单因素对试验指标的结果分析，选择出各因素下的较优水平进行正交试验。根据试验因素和水平，本研究设计三因素三水平的正交试验，考虑到三者交互作用，使用 $L_{18}(3^7)$ 正交表，试验选定的因素与水平见表 13-1。

试验结果和极差分析结果见表 13-2。

表 13-1　正交试验的因素与水平表

水平	因 素		
	转速 A/r · min^{-1}	螺距 B/mm	含水率 C/%
1	30	250	23
2	50	200	56
3	70	160	72

表 13-2　正交试验因素与水平组合及试验结果

试验号	A 转速 / r · min^{-1}	B 螺距 /mm	$A \times B$ A、B 交 互作用	C 含水率 /%	$A \times C$ A、C 交 互作用	$B \times C$ B、C 交 互作用	输送量 /t · h^{-1}	功耗 /W
1	1	1	1	1	1	1	0.89	139.02
2	1	2	2	2	2	2	1.12	151.23
3	1	3	3	3	3	3	1.18	159.39
4	2	1	2	1	2	3	1.75	188.72
5	2	2	3	2	3	1	1.91	200.38
6	2	3	1	3	1	2	2.01	203.91
7	3	1	1	2	3	2	2.87	284.24
8	3	2	2	3	1	3	2.79	278.49
9	3	3	3	1	2	1	1.82	197.33
10	1	1	3	3	2	2	1.49	165.10
11	1	2	1	1	3	3	0.72	133.28
12	1	3	2	2	1	1	0.96	145.95

（续）

试验号	A 转速 /r·min⁻¹	B 螺距 /mm	A×B A、B交 互作用	C 含水率 /%	A×C A、C交 互作用	B×C B、C交 互作用	输送量 /t·h⁻¹	功耗 /W
13	2	1	3	2	1	3	2.08	222.04
14	2	2	1	3	2	1	2.10	203.38
15	2	3	2	1	3	2	1.27	173.15
16	3	1	2	3	3	1	2.96	302.96
17	3	2	3	1	1	2	2.15	265.11
18	3	3	1	2	2	3	2.51	246.07
K1	1.060	2.007	1.850	1.433	1.813	1.773		
K2	1.853	1.798	1.808	1.908	1.798	1.818		
K3	2.517	1.625	1.772	2.088	1.818	1.838		
极差	1.457	0.382	0.078	0.655	0.020	0.065		
因素主次	$A>C>B>(A\times B)>(B\times C)>(A\times C)$							
最优组合	$A_3B_1C_3$							
F1	148.995	217.013	201.650	182.768	209.087	198.170		
F2	198.597	205.312	206.750	208.318	191.972	207.123		
F3	262.367	187.633	201.558	218.872	208.900	204.665		
极差	113.372	29.380	5.192	36.104	17.115	8.953		
因素主次	$A>C>B>(A\times C)>(B\times C)>(A\times B)$							
最优组合	$A_1B_3C_1$							

表 13-2 表明，对于输送量，因素对试验指标影响的主次顺序为 A、C、B、$(A\times B)$、$(B\times C)$、$(A\times C)$，即转速、含水率、螺距、转速与螺距的交互作用、螺距与含水率的交互作用、转速与含水率的交互作用，使得试验指标输送量最大的最优组合为 $A_3B_1C_3$，即在转速是 70 r·min⁻¹、螺距 250mm、含水率 72% 的组合下输送量达到最佳值，对于功耗而言，因素对试验指标影响的主次顺序为 A、C、B、$(A\times C)$、$(B\times C)$、$(A\times B)$，即转速、含水率、螺距、转速与含水率的交互作用、螺距与含水率的交互作用、转速与螺距的交互作用，使得功耗最小的最优组合为 $A_1B_3C_1$，即转速是 30 r·min⁻¹，螺距是 160mm，含水率是 23% 的组合下功耗达到最佳值。通过正交试验，得到一组保证在达到一定输送量的情况下，使得功耗最小的最佳参数，具体参数值为转速 50 r·min⁻¹，螺距 200mm，含水率 72%，其输送量可以达到 2.10t·h⁻¹。

13.3.2 正交试验的方差分析

极差分析只能判断因素对指标的影响主次顺序，但不能评判试验过程中必然存在的误差大小，以及对试验指标的影响究竟是因素水平改变引起的，还是误差引起的等问题无法判别清楚，通过方差分析可以得出准确的判断，利用 SPASS 软件分析试验数据，得出各因素对试验指标输送量、功耗的方差分析分别见表 13-3、表 13-4。

表 13-3 指标输送量的方差分析

源	III型平方和	df	均方	F	Siq
模型	65.782[a]	13	5.046	496.945	0.000
A	1.578	2	0.789	77.685	0.000
B	0.001	2	0.000	0.042	0.039
C	0.791	2	0.396	38.958	0.001
$A \times B$	0.014	2	0.007	0.703	0.538
$A \times C$	0.027	2	0.013	1.320	0.347
$B \times C$	0.030	2	0.015	1.495	0.310
误差	0.051	5	0.010		
总计	65.684	18			

表 13-4 指标功耗的方差分析

源	III型平方和	df	均方	F	Siq
模型	844 243.856[a]	13	64 941.835	2120.677	0.000
A	8174.064	2	4087.032	133.462	0.000
B	371.313	2	185.656	6.063	0.046
C	2273.801	2	1136.901	37.126	0.001
$A \times B$	14.899	2	7.450	0.243	0.793
$A \times C$	17.260	2	8.630	0.282	0.766
$B \times C$	19.963	2	9.982	0.326	0.736
误差	153.116	5	30.623		
总计	844 396.972	18			

表 13-3 和表 13-4 中均是以 0.05 的显著性水平检验相关系数的显著性，分析结果中 Siq 值小于 0.05 则因素对指标影响显著，否则影响不显著，由这两表可以得出，A、B、C 因素对试验指标的影响均显著，影响试验指标输送量、功耗的主次顺

序为转速、含水率、螺距，A 因素与 B 因素的交互作用，A 因素与 C 因素的交互作用，B 因素与 C 因素的交互作用的影响都不显著，所以因素间的交互作用不予考虑。该模型的修正决定系数都是 0.999，说明两个模型拟合程度都较好。

试验中的方差分析的结果与极差分析结果一致，并且剔除了因素之间交互作用的影响，说明方差分析的正确性。

Chapter fourteen | 第14章
切碎玉米秸秆螺
旋输送试验

14.1 单因素试验

14.1.1 试验因素与水平的确定

螺旋输送机的输送性能指标主要有：输送量 $Q(\text{t} \cdot \text{h}^{-1})$、功率消耗 $P(\text{W})$ 和输送效率 η。主要影响因素有：螺旋轴转速、填充系数和螺距，研究这 3 个因素对螺旋输送机输送性能的影响。根据螺旋输送机行业标准，最终确定的因素水平见表 14-1。

表 14-1 因素水平表

水平因素	转速 $n/\text{r} \cdot \text{min}^{-1}$	填充系数 φ	螺距 S/mm
1	45	0.2	200
2	56	0.3	250
3	71	0.5	300
4	90	0.7	
5	100	0.9	
6	112		

14.1.2 试验方法

本试验采用内蒙古呼和浩特市赛罕区什兰岱村收割的去穗玉米秸秆，秸秆含水率约为 65%~75%，用铡草机切成 2~3cm 的秸秆段。

具体试验方法是：待螺旋输送机运行稳定后，从进料口加入固定量的玉米秸秆，在出料口接收玉米秸秆，称出所接收玉米秸秆的质量，测量输送玉米秸秆所用的时间，并计算出秸秆输送量($\text{t} \cdot \text{h}^{-1}$)；从转矩转速测量仪读出功率值(W)；测量标记的秸秆段输送 1.52m 所用的时间，并计算出秸秆段运动速度 $v_1(\text{m} \cdot \text{s}^{-1})$，进而计算出秸秆段的输送效率。其中输送效率 $\eta(\%)$ 用秸秆段的运动速度 $v_1(\text{m} \cdot \text{s}^{-1})$ 与螺旋叶片外缘的轴向速度 $v(\text{m} \cdot \text{s}^{-1})$ 之比表示，即

$$\eta = v_1/v \times 100\% \tag{14-1}$$

试验过程中用高速数字摄像机拍摄玉米秸秆的输送过程。

14.1.3 转速与输送量的关系

输送量是螺旋输送机的重要性能指标，螺旋轴转速对输送量有一定影响。转速

过小，输送量小；转速过大，输送量增大，但是输送机运行不稳定，并且物料在料槽中有翻滚现象，会增加功率消耗，影响输送效率。所以，在满足输送量要求的前提下，螺旋轴转速不宜过大。

用 SPSS 软件对试验数据进行方差分析，结果表明，螺旋轴转速对输送量的影响及其显著。试验结果及拟合结果图 14-1 所示。

从图 14-1 可以看出，随着螺旋轴转速的增加，输送量逐渐增大。这是因为螺旋轴转速增大，秸秆运动速度加快，所以单位时间内的输送量就会

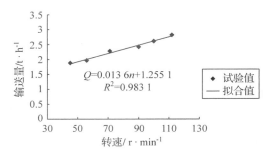

图 14-1　转速与输送量的关系曲线

增大。在转速较小时，秸秆输送过程较平稳；随着转速的增大，秸秆的轴向速度减小，周向速度增大，秸秆会产生翻滚现象，此时，秸秆与螺旋轴及料槽的摩擦增大，造成功率消耗增加，加速输送设备的磨损，降低秸秆的输送效率。

对回归方程进行显著性检验，结果表明回归方程是显著的。

14.1.4　转速与功率消耗的关系

功率消耗是螺旋输送机的重要性能指标，螺旋轴转速对功率消耗有很大影响。转速小，秸秆运行平稳，功率消耗小；转速增大，秸秆在料槽中出现翻滚现象，会增加功率消耗。

对试验数据进行方差分析，结果表明，螺旋轴转速对功耗的影响及其显著。试验结果及拟合结果如图 14-2 所示。

从图 14-2 可以看出，随着螺旋轴转速的增大，功率消耗逐渐增大。这是因为在转速较小时，秸秆输送过程较平稳；随着转速的增大，秸秆的轴向速度减小，周向速度增大，秸秆会产生翻滚现象，此时，秸秆与螺旋轴及料槽的摩擦增大，造成功率消耗增加，加速输送

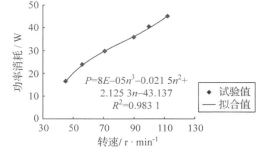

图 14-2　转速与功率消耗的关系曲线

设备的磨损，降低秸秆的输送效率。

对回归方程进行显著性检验，结果表明回归方程是显著的。

14.1.5　转速与输送效率的关系

输送效率是螺旋输送机的重要性能指标。螺旋轴转速不同，输送机的输送效率会有明显变化。

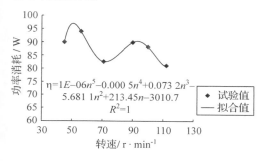

图 14-3　转速与输送效率的关系曲线

对试验数据进行方差分析，结果表明，螺旋轴转速对功耗的影响及其显著。试验结果及拟合结果如图 14-3 所示。

从图 14-3 可以看出，随着螺旋轴转速的增大，物料输送效率变化有增有减。每个螺距内的秸秆段会在螺旋叶片的推动下运动，螺旋轴转速较小时，秸秆运行较平稳，输送效率较高；当螺旋轴转速较大时，秸秆在运动过程会产生翻滚现象，秸秆的运动速度会降低，故输送效率降低。

对回归方程进行显著性检验，结果表明回归方程是显著的。

14.1.6　填充系数与输送量的关系

秸秆在料槽中的填充系数对输送量有很大影响。当填充系数较小时，大部分玉米秸秆在靠近螺旋轴，因而秸秆的轴向速度较大，周向速度较小，其附加物料流较弱，秸秆能平稳地沿轴向输送；当填充系数较大时，秸秆运动的滑移面变陡，秸秆的轴向速度较小，周向速度较大，秸秆会产生翻滚现象，导致功率消耗增加，影响输送效率。

对试验数据进行方差分析，结果表明，螺旋轴转速对功耗的影响及其显著。试验结果及拟合结果如图 14-4 所示。

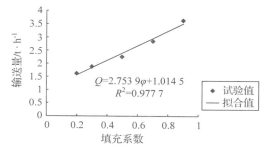

图 14-4　填充系数与输送量的关系曲线

从图14-4可以看出，随着填充系数的增大，输送量增大。这是因为填充系数较小时，秸秆大部分堆积在料槽的槽壁处，秸秆的轴向速度大，周向速度小，秸秆能平稳的沿轴向输送，但是此时的输送量较小；当填充系数增大时，每个螺距内的秸秆重量增加，输送量增大，此时秸秆会产生翻滚现象，能量损耗增大。

对回归方程进行显著性检验，结果表明回归方程是显著的。

14.1.7 填充系数与功率消耗的关系

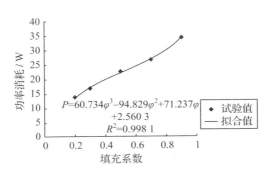

螺旋输送机料槽内的填充系数对功率消耗有很大影响，对试验数据进行方差分析，结果表明，填充系数对功率消耗的影响及其显著。对试验结果及拟合结果如图14-5所示。

从图14-5可以看出，随着填充系数的增大，功率消耗增加。这是因为填充系数较小时，秸秆大部分堆积在料槽

图14-5 填充系数与功率消耗的关系曲线

的槽壁处，秸秆的轴向速度大，周向速度小，秸秆能平稳的沿轴向输送，功率消耗少；当填充系数增大时，秸秆靠近螺旋轴越来越近，秸秆的轴向速度减小，周向速度增大，此时秸秆会产生翻滚现象，功率消耗增加。当填充系数过大时，秸秆产生的翻滚现象非常剧烈，功率损耗严重。

对回归方程进行显著性检验，结果表明回归方程是显著的。

14.1.8 填充系数与输送效率的关系

螺旋输送机料槽内的填充系数对输送效率有一定影响，对试验数据进行方差分析，结果表明，螺旋轴转速对功耗的影响及其显著。试验结果及拟合结果如图14-6所示。

从图14-6可以看出，随着填充系数的增大，输送效率先增大后减小。这

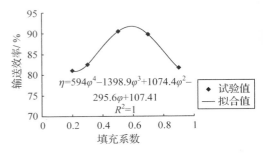

图14-6 填充系数与输送效率的关系曲线

是因为填充系数较小时，秸秆能平稳的沿轴向输送，随着填充系数的增大输送效率增大；当填充系数增大到一定数值时，输送效率达到最大；当填充系数过大时，秸秆产生翻滚现象，输送效率又降低。

对回归方程进行显著性检验，结果表明回归方程是显著的。

14.1.9　螺距与输送量的关系

螺距是螺旋输送机的重要结构参数，螺距的大小会直接影响输送机的输送过程。因此，选择合理的螺距对螺旋输送玉米秸秆非常重要。

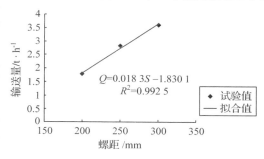

图 14-7　螺距与输送量的关系曲线

对试验数据进行方差分析，结果表明，螺旋轴转速对功耗的影响及其显著。试验结果及拟合结果如图 14-7 所示。

从图 14-7 可以看出，在一定的填充系数下，随着螺距的增大，输送量逐渐增大。这是因为螺距增大，每个螺距内的秸秆量增加，所以输送量就会增大。

对回归方程进行显著性检验，结果表明回归方程是显著的。

14.1.10　螺距与功率消耗的关系

螺距的大小也会影响输送机的功率消耗。对试验数据进行方差分析，结果表明，螺旋轴转速对功耗的影响及其显著。试验结果及拟合结果如图 14-8 所示。

从图 14-8 可以看出，在一定的填充系数下，随螺距的增大，功率消耗逐渐增大。这是因为螺距不仅决定着螺旋的升角，还决定着一定填充系数下秸秆运行的滑移面。当螺距增大时，秸秆运动的滑移面随着改变，秸秆的轴向速度和周向速度随之增大，使得

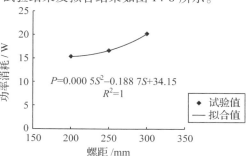

图 14-8　螺距与功率消耗的关系曲线

速度分量分布不恰当，引起秸秆翻滚现象，造成功率消耗增加。当螺距较小时，秸秆的速度分布情况较好，但此时秸秆的轴向速度较小，输送能力较差。

对回归方程进行显著性检验，结果表明回归方程是显著的。

14.1.11　螺距与输送效率的关系

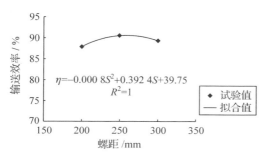

螺距的大小会影响螺旋输送过程，进而会影响输送效率。对试验数据进行方差分析，结果表明，螺旋轴转速对功耗的影响及其显著。试验结果及拟合结果如图 14-9 所示。

从图 14-9 可以看出，在一定的填充系数下，不同的螺旋轴转速，输送效率变化不同。这是因为螺距不仅决定着螺旋的升角，还决定着一定填充系数下秸秆运行的滑移面。当螺距较小时，秸秆的速度分布情况较好，但此时秸秆的轴向速度较小，输送效率较低；随着螺距的增大，轴向速度增大，输送效率提高；当螺距较大时，秸秆运动的滑移面随着改变，秸秆的轴向速度和周向速度随之增大，使得速度分量分布不恰当，引起秸秆翻滚现象，造成功输送效率降低。对回归方程进行显著性检验，结果表明回归方程是显著的。

图 14-9　螺距与输送效率的关系曲线

14.2　多因素试验

14.2.1　试验因素与水平

根据单因素试验结果，综合考虑输送性能指标输送量、功率消耗和输送效率的要求，选取各因素的较优水平进行正交试验。在多因素试验中，确定的试验因素及水平见表 14-2。

表 14-2　因素水平表

水平	转速/r·min^{-1}	填充系数	螺距/mm
1	56	0.3	200
2	71	0.5	250
3	90	0.7	300

14.2.2　输送量正交试验结果分析

根据选定的各因素的较优水平进行正交试验，其输送量的正交试验结果见表 14-3。

表 14-3　输送量正交试验结果

试验号	转速 A / r·min^{-1}	填充系数 B	$A \times B$	空列	螺距 C /mm	$A \times C$	$B \times C$	输送量 /t·h^{-1}
1	1	1	1	1	1	1	1	1.357 07
2	1	2	2	2	2	2	2	2.308 61
3	1	3	3	3	3	3	3	4.154 16
4	2	1	1	2	2	3	3	2.278 53
5	2	2	2	3	3	1	1	3.858 70
6	2	3	3	1	1	2	2	3.076 83
7	3	1	2	1	3	2	3	3.193 82
8	3	2	3	2	1	3	1	2.443 19
9	3	3	1	3	2	1	2	4.196 26
10	1	1	3	3	2	2	1	1.974 74
11	1	2	1	1	3	3	2	3.369 78
12	1	3	2	2	1	1	3	2.324 49
13	2	1	2	3	1	3	2	1.828 38
14	2	2	3	1	2	1	3	2.673 16
15	2	3	1	2	3	2	1	5.219 10
16	3	1	3	2	3	1	2	3.193 82
17	3	2	1	3	1	2	3	2.443 19
18	3	3	2	1	2	3	1	4.196 26
k1	2.5815	2.3044	3.1440	2.9778	2.2455	2.9339	3.1748	
k2	3.1558	2.8494	2.9521	2.9613	2.9379	3.0361	2.995 61	
k3	3.2778	3.8612	2.9192	3.0759	3.8316	3.0451	2.8447	
极差	0.6963	1.5568	0.2247	0.1146	1.586 03	0.1111	0.3303	
主次顺序	$C > B > A$							
最优组合	$A_3 B_3 C_3$							

从表 14-3 可以看出，以输送量为指标的最优水平组合是 $A_3B_3C_3$，这时的输送量可以达到 6.181 89 t·h^{-1}。对试验数据使用 SPSS 软件进行方差分析，结果见表 14-4。

表 14-4 方差分析表

方差来源	III 型平方和	df	均方	F 值	P 值
模型	146.644[a]	15	9.776	688.901	0.000
转速 A	3.331	2	1.666	117.369	0.001
填充系数 B	4.820	2	2.410	169.816	0.001
$A \times B$	0.073	2	0.037	2.581	0.223
空列	0.111	2	0.056	3.921	0.146
螺距 C	6.659	2	3.329	234.609	0.001
$A \times C$	0.016	2	0.008	0.577	0.614
$B \times C$	0.288	2	0.144	10.147	0.046
误差	0.043	3	0.014		
总和	146.687	18			

表 14-4 的显著性水平为 0.05。从表 14-4 可以看出，A、B、C 因素对输送量的影响均显著，且影响的主次顺序是 C、B、A，与极差分析结果一致。该模型的决定系数是 0.998，说明模型拟合程度较好。

14.2.3 功率消耗正交试验结果

根据选定的各因素的较优水平进行正交试验，其功率消耗的正交试验结果见表 14-5。

表 14-5 正交试验结果

试验号	转速 A / r·min^{-1}	填充系数 B	$A \times B$	空列	螺距 C /mm	$A \times C$	$B \times C$	功率消耗 /W
1	1	1	1	1	1	1	1	19.2
2	1	2	2	2	2	2	2	30.8
3	1	3	3	3	3	3	3	38.8
4	2	1	1	2	2	3	3	29.73
5	2	2	2	3	3	1	1	42.4
6	2	3	3	1	1	2	2	33.33
7	3	1	2	1	3	2	3	45.6
8	3	2	3	2	1	3	1	36.3

（续）

试验号	转速 A / r · min⁻¹	填充系数 B	A×B	空列	螺距 C /mm	A×C	B×C	功率消耗 /W
9	3	3	1	3	2	1	2	44.27
10	1	1	3	3	2	2	1	23.9
11	1	2	1	1	3	3	2	33.2
12	1	3	2	2	1	1	3	28.97
13	2	1	2	3	1	3	2	24.8
14	2	2	3	1	2	1	3	35.6
15	2	3	1	2	3	2	1	48.7
16	3	1	3	2	3	1	2	45.6
17	3	2	1	3	1	2	3	36.3
18	3	3	2	1	2	3	1	44.27
k1	29.15	31.47	35.23	35.20	29.82	36.01	35.80	
k2	35.76	35.77	36.14	36.68	34.76	36.44	35.33	
k3	42.06	39.72	35.59	35.08	42.38	34.52	35.83	
极差	12.91	8.25	0.91	1.60	12.56	1.92	0.50	
主次顺序	$A>C>B$							
最优组合	$A_1B_1C_1$							

由表 14-5 可以看出，以功率消耗为指标的最优水平组合是 $A_1B_1C_1$，这时的功率消耗是 19.2W。对试验数据进行方差分析，结果见表 14-6。

表 14-6 的显著性水平为 0.05。从表 14-6 可以看出，A、B、C 因素对功率消耗

表 14-6　方差分析表

方差来源	III 型平方和	df	均方	F 值	P 值
模型	24 092.358ᵃ	15	1606.157	1396.490	0.000
转速 A	500.235	2	250.117	217.467	0.001
填充系数 B	204.384	2	102.192	88.852	0.002
A×B	2.505	2	1.252	1.089	0.441
空列	9.582	2	4.791	4.166	0.136
螺距 C	480.928	2	240.464	209.074	0.001
A×C	12.198	2	6.099	5.303	0.104
B×C	0.929	2	0.465	0.404	0.699
误差	3.450	3	1.150		
总和	24 095.809	18			

的影响均显著，且影响的主次顺序是 A、C、B，与极差分析结果一致。该模型的决定系数是 0.999，说明模型拟合程度较好。

14.2.4 输送效率正交试验结果

根据选定的各因素的较优水平进行正交试验，其输送效率的正交试验结果见表14-7。

由表14-7可以看出，以功率消耗为指标的最优水平组合是 $A_3B_1C_2$，这时的输送效率可以达到85.16%。对试验数据进行方差分析，结果见表14-8。

表 14-7 正交试验结果

试验号	转速 A /r·min^{-1}	填充系数 B	$A \times B$	空列	螺距 C /mm	$A \times C$	$B \times C$	输送效率 /%
1	1	1	1	1	1	1	1	87.99
2	1	2	2	2	2	2	2	89.79
3	1	3	3	3	3	3	3	77.70
4	2	1	1	2	2	3	3	85.35
5	2	2	2	3	3	1	1	82.82
6	2	3	3	1	1	2	2	85.22
7	3	1	2	1	3	2	3	84.66
8	3	2	3	2	1	3	1	90.48
9	3	3	1	3	2	1	2	89.88
10	1	1	3	3	2	2	1	90.60
11	1	2	1	1	3	3	2	79.21
12	1	3	2	2	1	1	3	85.57
13	2	1	2	3	1	3	2	88.70
14	2	2	3	1	2	1	3	86.13
15	2	3	1	2	3	2	1	76.37
16	3	1	3	2	3	1	2	84.66
17	3	2	1	3	1	2	3	90.48
18	3	3	2	1	2	3	1	89.88
k1	85.14	86.99	84.88	85.52	88.07	86.175	86.36	
k2	84.10	86.485	86.90	85.37	88.61	86.19	86.24	
k3	88.34	84.10	85.80	86.70	80.90	85.22	84.98	
极差	4.24	2.89	2.02	1.33	7.71	0.97	1.38	
主次顺序	$C > A > B$							
最优组合	$A_3B_1C_2$							

表 14-8 方差分析表

方差来源	III 型平方和	df	均方	F 值	P 值
模型	133 035.170	15	8869.011	33 216.580	0.000
转速 A	58.605	2	29.302	109.745	0.002
填充系数 B	28.566	2	14.283	53.493	0.005
$A \times B$	12.316	2	6.158	23.064	0.015
空列	6.355	2	3.177	11.900	0.037
螺距 C	222.014	2	111.007	415.749	0.000
$A \times C$	3.693	2	1.847	6.916	0.075
$B \times C$	6.991	2	3.495	13.091	0.033
误差	0.801	3	0.267		
总和	133 035.971	18			

表 14-8 的显著性水平为 0.05。从表 14-8 可以看出，A、B、C 因素对功率消耗的影响均显著，且影响的主次顺序是 C、A、B，与极差分析结果一致。该模型的决定系数是 1，说明模型拟合程度较好。

因为各性能指标之间相互影响，为了能尽可能的满足各试验指标的要求，采用综合平衡法进行分析。在满足一定输送量的前提下，我们希望功率消耗尽可能少，输送效率尽可能高。A 因素对功率消耗是主要因素，对输送效率是次要因素，对输送量是较次要的因素，但要满足输送量的要求，故取 A_3；B 因素对功率消耗和输送效率都是较次要的因素，且在两项指标中都是 B_1 好，故取 B_1；C 因素对于输送量和功率消耗是主要因素，在满足一定输送量的前提下，选取水平应保证输送效率高，故取 C_2。经综合平衡，最后得到的较优水平组合是 $A_3 B_1 C_2$，即螺旋轴转速 90 r·min^{-1}，填充系数 0.3，螺距 250mm。此时的输送量是 2.416 57t·h^{-1}，功率消耗是 35.8W，输送效率是 85.16%。

14.3 螺旋输送过程高速摄像结果分析

用高速数字摄像机拍摄秸秆的输送过程，结果如图 14-10 所示。

由拍摄结果可以看出，高速摄像可以清楚的呈现玉米秸秆的输送过程。从图 14-10 可以看出，当填充系数较小、转速较低时，秸秆几乎不产生翻滚现象；当填充系数较大、转速较高时，秸秆在输送过程中会产生少量的翻滚现象；当填充系数过大、转速过高时，秸秆在输送过程中会产生严重翻滚现象。

（a）　　　　　　　　　　　　　　　　（b）

（c）

图 14-10　秸秆输送过程高速摄像图片

（a）充满系数 $\varphi = 0.3$　（b）充满系数 $\varphi = 0.5$　（c）充满系数 $\varphi = 0.7$

Chapter fifteen | 第 15 章
螺旋输送喂入器
参数优化

15.1　螺旋输送比功耗模型参数优化

由于比功耗是输送功耗和生产率的比值，它的大小会直接影响螺旋输送装置输送农业纤维物料的输送性能。本项目组在 MATLAB 中利用数值求解的方法，对已建立的比功耗数学模型进行参数优化求解。

根据第 12 章所建立的比功耗数学模型，将比功耗模型作为优化目标。通过对该模型分析研究，可以发现：螺距、螺旋轴转速对比功耗的影响较大，故选取螺距、螺旋轴转速作为优化参数。

由《螺旋输送机设计手册》知，螺距计算公式为：$S = kD$。对于标准的螺旋输送机，当螺旋输送装置水平布置时，$k = 0.8 \sim 1.0$，k 为螺距与螺旋叶片直径的比例系数；D 为螺旋叶片外径。由于农业纤维物料自身物理特性的原因，k 的取值范围应比标准值大些；根据课题组螺旋输送装置稳定性测试试验得出，当转速在 $28.5 \sim 148.96 \ \text{r} \cdot \text{min}^{-1}$ 时，螺旋输送装置的输送性能稳定，同时根据螺旋输送机行业标准，最小转速为 $45 \ \text{r} \cdot \text{min}^{-1}$，将二者进行综合选取，确定出螺旋输送装置螺旋轴转速的取值范围为 $50 \leqslant n \leqslant 140 \ \text{r} \cdot \text{min}^{-1}$，见表 15-1。

表 15-1　优化模型参数

优化目标	优化参数	约束条件
$\eta = \dfrac{E}{Q_g}$	螺距 S、转速 n	$S = kD$，$k \geqslant 1$；$50 \leqslant n \leqslant 140 \ \text{r} \cdot \text{min}^{-1}$

由于农业纤维物料在后续的加工处理过程中可做压块、青贮、黄贮等用途，压块时农业纤维物料的含水率在 20% 左右，青贮时的含水率在 65%~75% 左右，因为本课题只研究农业纤维在输送过程中的影响，故根据本研究试验时所测含水率，确定含水率为 52.87%。

15.1.1　转速与比功耗的关系

在含水率为 52.87%、螺距为 250mm、喂入量为 30 $\text{kg} \cdot \text{min}^{-1}$ 的条件下，在 MATLAB 中利用数值求解的方法，对比功耗数学模型的参数进行优化分析，得出理论转速最佳值 $n = 117 \ \text{r} \cdot \text{min}^{-1}$，如图 15-1 所示。

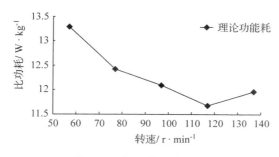

图 15-1　螺旋转速优化结果

从图 15-1 可以看出，当转速在 $57 \sim 137$ r·min^{-1} 时，比功耗呈现出逐渐减小，且呈现出先减小后增大的趋势，这是由于存在临界转速的缘故。此时转速在 117 r·min^{-1} 时为临界转速值，当转速在 $57 \sim 117$ r·min^{-1} 时，实际转速小于临界转速，此时的输送功耗小于输送量，故存在逐渐减小的趋势，当转速在 $117 \sim 137$ r·min^{-1} 时，实际转速大于临界转速，此时物料受到离心力的作用增大，物料更多的开始做圆周运动，轴向运动减小，从而降低生产率、增大输送功耗，进而比功耗开始出现上升的趋势。

15.1.2　螺距与比功耗的关系

在含水率为 52.87%、转速 $n = 117$ r·min^{-1}、喂入量为 30 kg·min^{-1} 的条件下，在 MATLAB 中利用数值求解的方法，对比功耗数学模型的参数进行优化分析，得出理论螺距最佳值 $S = 335$mm。

由图 15-2 可以看出，当螺距在 $250 \sim 375$mm 时，比功耗随着螺距的增大而减小，且呈现出先减小后增大的趋势。当螺距在 $250 \sim 335$mm 时，比功耗随着螺距的增大而降低，这是由于物料随着螺旋槽内的空间变大，物料的流动性也就越好，同时，螺旋叶片的推送速度增大，使物料向前运动的速度增大，

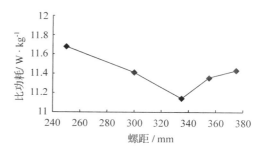

图 15-2　螺距优化结果

从而提高生产率，与此同时输送功耗也随之增大，导致生产率比输送功耗增大的趋势较大，进而比功耗降低。当螺距在 $335 \sim 375$mm，比功耗随着螺距的增大而增大，这是由于螺旋升角增大的缘故。螺距越大，螺旋升角也就越大，此时摩擦力系数、离心力系数也会增大，进而导致螺旋输送装置的输送性能降低，也就是说降低生产率，增大输送功耗，从而导致比功耗增大。

15.2　参数优化试验研究

15.2.1　单因素试验

15.2.1.1　研究内容

基于理论研究，获得了螺距、螺旋轴转速与比功耗影响的规律以及理论最优值。探讨农业纤维物料螺旋输送装置的螺距、螺旋轴转速对比功耗的影响规律。通过单因素试验来验证理论分析结果以及得到各个参数在进行参数优化试验时的最佳取值范围。

15.2.1.2　试验因素与水平的选择

衡量螺旋输送装置输送性能的主要评价指标为比功耗。从本身机理方面来说，螺旋轴的转速、螺距、轴颈、叶片直径等都是影响比功耗的主要因素；从输送物料的特性来说，含水率、流动性、物料的松密度、内摩擦系数等也会影响比功耗。通过对比功耗数学模型的分析得出，螺距、螺旋轴转速对输送物料的影响较大，并且秸秆的喂入量、含水率不同，导致输送状况也会不同，所以最终确定在本试验中，选取输送含水率为 52.87% 的物料，选取螺距、螺旋轴转速、喂入量作为试验因素。由于在实际中，生产率和功耗存在一定的关系，应将两者综合起来考虑，找到一个合理的平衡点，因此本试验选取试验指标为比功耗。

根据理论优化分析，得出螺距最佳值 335mm 以及标准螺距 250mm，故在其基础上选择 250 mm、300 mm、335 mm、355 mm、375 mm 5 个水平。

根据课题组之前进行的螺旋输送装置稳定性试验得出，螺旋轴转速在 $28.5 \sim 148.96 \mathrm{r \cdot min^{-1}}$ 时，输送稳定性较好且根据螺旋输送装置行业标准最小转速为 $45 \mathrm{r \cdot min^{-1}}$ 以及通过理论优化分析得出的理论最佳转速值 $117 \mathrm{r \cdot min^{-1}}$，将三者综合考虑，故选取 $57 \mathrm{r \cdot min^{-1}}$、$77 \mathrm{r \cdot min^{-1}}$、$97 \mathrm{r \cdot min^{-1}}$、$117 \mathrm{r \cdot min^{-1}}$、$137 \mathrm{r \cdot min^{-1}}$ 5 个水平。

根据课题组之前进行的螺旋输送装置稳定性试验得出，喂入量在 $10 \sim 70 \mathrm{kg \cdot min^{-1}}$ 时输送稳定性较好以及根据预实验喂入量为 $30 \mathrm{kg \cdot min^{-1}}$、$50 \mathrm{kg \cdot min^{-1}}$、$70 \mathrm{kg \cdot min^{-1}}$ 时输送性能较好，故选取 $30 \mathrm{kg \cdot min^{-1}}$、$50 \mathrm{kg \cdot min^{-1}}$、$70 \mathrm{kg \cdot min^{-1}}$ 3 个水平。

综上所述，通过对试验因素与水平的分析研究，各因素及水平见表 15-2。

表 15-2　试验因素及水平表

水平	因素		
	螺距 mm	转速/ r·min^{-1}	喂入量/ kg·min^{-1}
1	250	57	30
2	300	77	50
3	335	97	70
4	355	117	
5	375	137	

15.2.1.3　试验工况

当螺旋输送装置运行稳定后进行输送性能测试，测试时间为 10s，测试次数 5 次，取其平均值作为试验结果。根据实验目的确定了 3 种工况，具体如下：

工况 1：喂入量 30 kg·min^{-1}，螺距 250mm，分别在 5 种不同螺旋轴转速下测得螺旋输送装置生产率和输送功耗的试验值，测试时间 10s。

工况 2：螺旋轴转速 117 r·min^{-1}，喂入量 30 kg·min^{-1}，分别在 5 种不同螺距下测得螺旋输送装置生产率和输送功耗的试验值，测试时间 10s。

工况 3：螺距 335mm，螺旋轴转速 117 r·min^{-1}，分别在 3 种不同喂入量下测得螺旋输送装置生产率和输送功耗的试验值，测试时间 10s。

15.2.1.4　试验结果与分析

（1）螺旋轴转速对比功耗的影响分析

当含水率为 52.87%，螺距为 250mm，喂入量为 30kg·min^{-1}，测试螺旋轴转速在 57 r·min^{-1}、77 r·min^{-1}、97 r·min^{-1}、117 r·min^{-1}、137 r·min^{-1}下的比功耗，测试时间 10S，测试次数为 5 次。绘制螺旋轴转速实测值对比功耗的影响曲线与之前获得的理论结果进行对比分析，如图 15-3 所示。

通过对实测比功耗进行分析得知，当输送物料为揉碎的玉米秸秆（使用 9R-60 型揉碎性能试验台，对去穗后的玉米秸秆进行揉碎，揉碎后的玉米秸秆长度小于 10cm，揉碎后秸秆形态符合中华人民共和国农业行业标准 NY/T509—2002《秸秆揉丝机》要

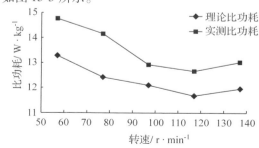

图 15-3　螺旋轴转速与比功耗的关系

求，平均含水率为 52.87%），并且当螺距为 250mm、喂入量为 30 kg·min⁻¹ 的情况下，螺旋轴转速在 57~137 r·min⁻¹ 时，实测比功耗随着螺旋轴转速的增大而逐渐降低，且呈现出先降低后增大的趋势。当转速在 57~117 r·min⁻¹ 时，比功耗随着螺旋轴转速的增大而缓慢减小。与图 15-3 中的比功耗理论趋势一致。当转速在 117~137 r·min⁻¹ 时，实测比功耗随着螺旋轴转速的增大而逐渐增大。通过对此变化进行分析，发生这一变化的主要原因是：螺旋输送装置在输送揉碎的玉米秸秆时，实际螺旋轴转速高于螺旋输送装置输送玉米秸秆时所要求的最大转速，即实际转速高于临界转速。当实际转速高于临界转速时，此时物料受到离心力的作用增大，物料更多的开始做圆周运动，轴向运动减小，从而降低生产率，增大输送功耗，进而比功耗开始出现上升的趋势，这与之前螺旋轴转速对比功耗影响关系的理论分析结果趋势一致。

由图 15-3 可知，当其他因素条件一定的条件下，螺旋轴转速选择范围在 57~137 r·min⁻¹ 时，比功耗的实测值高于理论计算值，并且通过计算，求得比功耗的实测值与理论计算值的相对误差为 8.5%。

（2）螺距对比功耗的影响分析

当含水率为 52.87%，螺旋轴转速为 117 r·min⁻¹，喂入量为 30 kg·min⁻¹，测量不同螺距 250 mm、300 mm、335 mm、355 mm、375 mm 下的比功耗。测试时间为 10S，测试次数为 5 次。绘制螺距实测值对比功耗的影响曲线与之前获得的理论结果进行对比分析，如图 15-4 所示。

通过对实测比功耗进行分析得知，当输送物料的含水率为 52.87%，螺旋轴转速为 117 r·min⁻¹，喂入量为 30 kg·min⁻¹ 时，螺距在 250~375mm 时，实测比功耗随着螺距的增大而缓慢减小，且呈现出先减小后增大的趋势。当螺距在 250~335mm 时，比功耗随着螺距的增大而缓慢减小，与图 15-4 中的比功耗理论趋势一致。当螺距在 335~375 mm 时，实测比功耗随着螺距的增大而逐渐增大，这与之前螺距对比功耗影响关系的理论分析结果趋势一致。

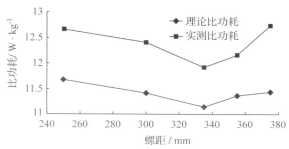

图 15-4　螺距与比功耗的关系

由图 15-4 可知，当其他因素条件一定的条件下，螺旋轴转速选择范围在 250 ~ 375mm 时，比功耗的实测值高于理论计算值，并且通过计算，求得比功耗的实测值与理论计算值的相对误差为 9.9%。通过对此变化进行分析，发生这一变化的主要原因：一是由于在建立比功耗理论模型时，作了一些基本条件的假设，忽略了螺旋轴叶片与壳体间存在间隙的情况；二是输送物料时，认为物料之间不存在相对滑动且运动时相互接触；三是由于人工倒入物料的失误性，由于试验时，是由人工分批次将试验物料倒入喂料器中，存在实际与理论喂入量之间存在一定的误差，以及由于物料本身特殊性质，并在课题组之前的输送性能的试验过程中，证明试验物料输送过程中，存在轴向滞后的现象，进而导致实测值高于理论值。

（3）喂入量对比功耗的影响分析

当含水率为 52.87%，螺距为 335mm，转速为 117 r·min^{-1} 时，测量 30、50、70 kg·min^{-1} 3 种不同喂入量下的比功耗，测试时间 10S，测试次数为 5 次。绘制喂入量实测值对比功耗的影响曲线，如图 15-5 所示。

通过对图 15-5 实测比功耗进行分析得知，当输送物料的含水率为 52.87%，螺旋轴转速为 117 r·min^{-1}，螺距为 335mm 的情况下，喂入量在 30 ~ 70 kg·min^{-1} 时，实测比功耗随着喂入量的增大而逐渐增大。

通过对此变化进行分析，发生这一变化的主要原因是：螺旋输送装置在料槽内的空间不变且螺旋轴转速一定的条件下，随着喂入量的不断增大，料槽内的物料不断集聚、相互缠绕、抱团等现象越发明显，此时物料与物料、螺旋轴、螺旋叶片、机壳间的相互摩擦力也随之增大，从而在输送过程中，由于物料自身物理特性以及物料与其他接触体之间的摩擦力增大等原因，导致在输送物料时，存在轴向滞后和输送功耗增大的现象，由于物料在输送过程中存在轴向滞后现象，从而导致生产率降低。因此，通过上述分析，可以很好的解释实测比功耗随着喂入量的增大而增大的现象。故在实际的输送过程中，且物料的喂入量满足生产率的情况下，喂入量不易过大。

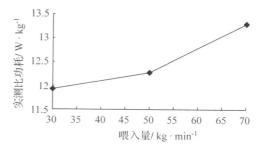

图 15-5　喂入量与比功耗的关系

15.2.2 多因素试验

15.2.2.1 试验设计

根据研究需要，本研究选择的试验因素为：螺旋轴转速、螺距、喂入量；输送性能评价指标为：比功耗。基于单因素试验得出的最佳取值范围，采用三因素三水平的 Box-Benhnken 响应面分析法进行参数优化试验设计，利用 Design-expert 8.0.6 软件的回归分析模块和优化模块对试验结果进行分析，确定各因素对指标影响的主次顺序、影响规律以及最佳参数组合。试验因素及编码见表 15-3。

表 15-3　因素水平编码表

水平编码	试验因素		
	螺距 s/mm	螺旋轴转速 $n/r \cdot min^{-1}$	喂入量 $w/kg \cdot min^{-1}$
-1	300	97	30
0	335	117	50
1	355	137	70

因素水平及编码表见表 15-3。为了获得更加准确的试验结果，每次试验至少重复 5 次，如果 5 次试验结果变化不大，则停止该组测试，否则，需进行多次重复试验，最后取其平均值作为最终试验结果。

15.2.2.2 试验结果与分析

通过采用三因素三水平的 Box-Benhnken 响应面分析法进行参数优化试验设计，试验方案是由 12 组分析因子、5 组零点误差估计组成的 17 组试验数据的试验方案。根据 Box-Benhnken 响应面分析法设计的试验设计方案进行试验。试验方案及结果见表 15-4。

表 15-4　试验方案及结果

试验号	试验因素			试验结果
	s	n	w	比功耗/W $\cdot$ kg^{-1}
1	-1	-1	0	14.03
2	1	-1	0	13.07
3	-1	1	0	13.55
4	1	1	0	13.51

（续）

试验号	试验因素			试验结果
	s	n	w	比功耗/W·kg^{-1}
5	-1	0	-1	12. 41
6	1	0	-1	12. 16
7	-1	0	1	14. 23
8	1	0	1	14. 07
9	0	-1	-1	12. 14
10	0	1	-1	13. 36
11	0	-1	1	13. 78
12	0	1	1	14. 14
13	0	0	0	11. 65
14	0	0	0	12. 29
15	0	0	0	12. 52
16	0	0	0	12. 31
17	0	0	0	12. 64

（1）回归方程的分析与检验

为了获得螺旋输送装置输送性能评价指标与各试验因素变量之间的关系，通过对分析结果进行二次多元回归拟合，获得该试验结果的拟合模型，之后利用方差分析的方式对该模型进行分析，得到对输送性能评价指标影响显著性数值，然后根据显著性指标对不显著的变量进行剔除，最终得到输送指标对编码自变量的二次多元回归方程。

①比功耗方差分析：按照 Box-Benhnken 响应面分析法设计的试验结果，输入到试验设计模块中，之后利用回归分析模块，对试验结果进行分析，得到有关输送性能指标比功耗的方差分析结果，见表 15-5。

表 15-5　比功耗方差分析表

评价指标	方差来源	平方和	自由度	均方	F 值	P 值	显著性
比功耗	模型	10. 17	9	1. 13	7. 40	0. 076	＊＊
	s	0. 25	1	0. 25	1. 63	0. 2428	
	n	0. 19	1	0. 19	1. 21	0. 3068	
	w	4. 60	1	4. 60	30. 11	0. 0009	＊＊

（续）

评价指标	方差来源	平方和	自由度	均方	F 值	P 值	显著性
	sn	0.31	1	0.31	2.05	0.1949	
	sw	0.001 894	1	0.001 894	0.012	0.914 5	
	nw	0.18	1	0.18	1.21	0.3076	
	s^2	1.06	1	1.06	6.96	0.0335	*
	n^2	2.05	1	2.05	13.42	0.0080	* *
	w^2	0.59	1	0.59	3.88	0.0895	
	残差	1.07	7	0.15			
	失拟性	0.48	3	0.16	1.10	0.4453	不显著
	误差	0.59	4	0.15			
	总和	11.24	16				

注：* * 表示极显著（$P<0.01$）；* 表示显著（$0.01<P<0.05$）。

由表 15-5 通过对输送性能指标比功耗进行方差分析可知，一次项喂入量 w，二次项 n^2 对比功耗影响极显著；二次项 s^2 对比功耗影响显著；一次项 s、n，交互项 sn、sw、nw，二次项 w^2 对比功耗影响不显著。

②输送性能评价指标回归分析：由表 15-5 比功耗方差分析结果知，一次项喂入量 w，二次项 n^2 对比功耗影响极显著；二次项 s^2 对比功耗影响显著；一次项 s、n，交互项 sn、sw、nw，二次项对比功耗影响不显著。为了获得更加准确、可靠的比功耗回归模型，根据显著性指标对不显著的变量进行剔除，最终得到输送指标 Y 对编码自变量的二次多元回归方程。

$$Y = 12.29 - 0.18s + 0.16n + 0.77w + 0.55s^2 + 0.70n^2 + 0.38w^2 \qquad (15-1)$$

方差分析中，s、n 不显著，但是回归模型中包含显著的二次项 s^2、n^2，排除将使模型不满足层级结构，因此将显著的二次项中的所有子项加入模型。

由表 15-5 可知，通过对比功耗进行方差分析获得的回归模型的 P 值为 0.0076，P 值远小于显著性评价值 0.01，故该模型为极显著；而失拟性 P 值为 0.4453 远大于显著性评价值 0.05，故该模型失拟性极不显著。

综上所述，说明该模型合适且试验合理有效。通过对比功耗方差分析获得预测值和实测值进行对比发现，预测值与实测值近似在一条直线上（图15-6），从而说明该模型能很好的用于输送性能指标比功耗的预测。

③各因素对比功耗的影响分析：试验因素对输送性能评价指标的影响程度可用 F 值的大小来判定，F 值越小则对输送性能评价指标的影响程度也就越小。根据比功

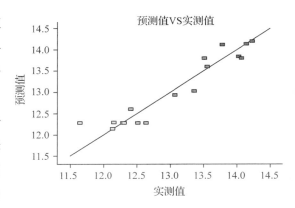

图15-6　比功耗预测值与实测值对比图

耗方差分析结果知：一次项喂入量 w，二次项 n^2 对比功耗影响极显著；二次项 s^2 对比功耗影响显著。故各试验因素对比功耗影响的主次顺序为：喂入量 w > 螺距 s > 螺旋轴转速 n。

15.2.2.3　参数结果响应面法分析

为了获得多个因素对输送性能评价指标的影响情况，利用响应曲面法，分析各试验因素对输送性能指标的影响。具体分析方法为：固定3个因素中的1个因素为0水平，考察其他2个因素对输送性能指标比功耗的影响。

（1）喂入量固定编码方程

固定喂入量为30 kg·min^{-1}，得到螺旋轴转速和螺距对输送性能比功耗的编码方程：

$$Y = 12.29 - 0.18s + 0.16n + 0.55s^2 + 0.70n^2 \tag{15-2}$$

由图15-7和比功耗的编码方程知，比功耗随着螺距和螺旋轴转速的增大均缓慢减小，且呈现出先减小后增大的趋势，产生这一趋势主要原因是：一是由于当螺距过小或者螺旋轴转速过大时，物料在输送过程中，受到过大的离心力作用。这是因为当实际螺旋轴转速大于临界转速时，螺旋轴的离心力作用增大，该处的物料更多的以圆周运动形式为主，从而增大功耗、降低生产率，进而比功耗增大；二是当螺距过大或螺旋轴转速过小时物料在输送过程中，受到螺旋升角的作用。这是因为螺距增大，螺旋升角，摩擦力系数、离心力系数增大从而物料所受到的轴向力减小，圆周力增大，进而导致生产率降低、功耗增大，以致比功耗增大。

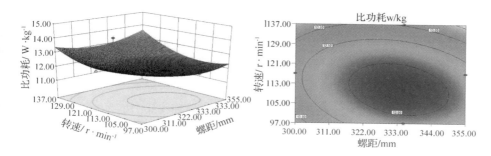

图 15-7　螺距和螺旋轴转速对比功耗的影响

（2）螺旋轴转速固定编码方程

固定螺旋轴转速为 117 r·min^{-1}，得到喂入量和螺距对输送性能比功耗的编码方程：

$$Y = 12.29 - 0.18s + 0.77w + 0.55s^2 + 0.38w^2 \qquad (15-3)$$

由图 15-8 和比功耗编码方程知，喂入量对比功耗的影响程度比螺距显著。比功耗随着喂入量的增大而缓慢增大其上升趋势基本稳定，这可能是由于，在一定的螺旋槽内，当喂入量增大时，物料群在输送过程中产生相互挤压、缠绕、混合的作用，进而会使物料与螺旋叶片、机壳间的摩擦力增大，以致增大输送功耗，降低生产率。当喂入量较小时，比功耗随着螺距的增大呈现出先减小后增大的趋势，当喂入量较大时，比功耗随着螺距的增大呈现出先减小后增大的趋势。通过上述分析，在物料的输送过程中，当喂入量取较小值，螺距取接近中间值时，比功耗较小。

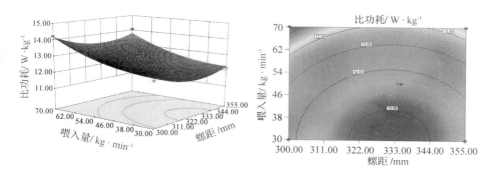

图 15-8　螺距和喂入量对比功耗的影响

（3）螺距固定编码方程

固定螺距 335 mm，得到喂入量和螺旋轴转速对输送性能比功耗的编码方程：

$$Y = 12.29 + 0.16n + 0.77w + 0.70n^2 + 0.38w^2 \tag{15-4}$$

由图 15-9 和方程可知，喂入量对比功耗的影响程度比螺旋轴转速显著。当螺旋轴转速较小时，比功耗随着喂入量的增大而增大，当螺旋轴转速较大时，比功耗随着喂入量的增大而增大；当喂入量较小时，比功耗随着螺旋轴转速的增大呈现先减小后增大的趋势，当喂入量较大时，比功耗随着螺旋轴转速的增大，呈现出先减小后增大的趋势。通过上述分析可知，在物料的输送过程中，当螺旋轴转速和喂入量较小且变化趋势相同时，比功耗最小。

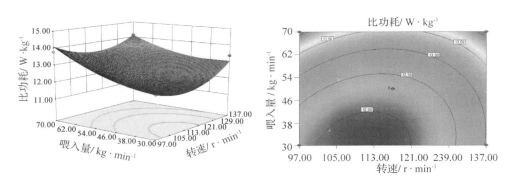

图 15-9　喂入量和螺旋轴转速对比功耗的影响

15.2.2.4　参数优化与试验验证

（1）参数优化

为了获得螺旋输送装置输送性能最佳的参数组合，利用 Design-expert 8.0.6 软件的优化模块，对以上获得的比功耗回归模型进行优化求解。优化目标为：比功耗；约束条件为通过单因素试验获得的各因素最佳取值范围式（15-5）。优化目标的关系见式（15-6）。

约束关系式为：

$$s.t. \begin{cases} 300 \leqslant s \leqslant 355 \\ 97 \leqslant n \leqslant 137 \\ 30 \leqslant w \leqslant 70 \end{cases} \tag{15-5}$$

目标函数：

$$P = \min Y(s,n,w) \tag{15-6}$$

在优化模块中，按照优化需求进行优化求解得到 43 组解，并按照期望值的高低进行排列，选取排序前 5 的 5 组较优解，见表 15-6。并通过分析获得的目标函数的参数优化结果图和参数可取度分析图如图 15-10、图 15-11 所示。

表 15-6 优化结果

组别	螺距 s/mm	螺旋轴转速 $n/r \cdot min^{-1}$	喂入量 $w/kg \cdot min^{-1}$	比功耗 $/W \cdot kg^{-1}$	期望值
1	333.45	110.85	30.00	11.82	0.935
2	333.46	110.99	30.00	11.82	0.935
3	333.20	110.72	30.00	11.82	0.935
4	333.26	111.08	30.00	11.82	0.935
5	334.19	111.05	30.00	11.82	0.934

根据表 15-6 和图 15-10、图 15-11 可知，螺距为 333.45 mm，螺旋轴转速为 110.85 r·min^{-1}，喂入量为 30 kg·min^{-1} 时，比功耗为 11.82，该优化结果的期望值为 0.935，是在生成的 43 组解中期望值最高的一组最优解。因此，选该组参数组合作为最终的输送性能最佳的参数组合。

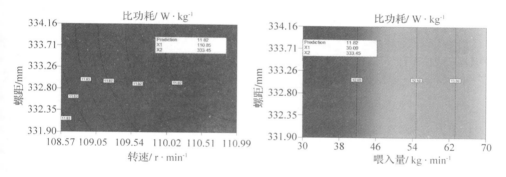

图 15-10 参数优化结果分析

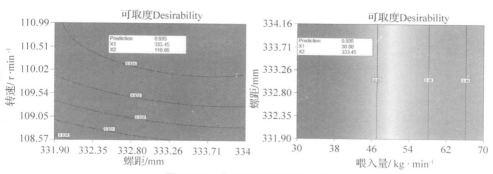

图 15-11 参数优化可取度分析

根据优化结果可知，较小的喂入量结合较大的螺旋轴转速和螺距，在获得高的生产率的同时又能获得较低的输送功耗。产生这一现象的主要原因是：螺旋轴转速和螺距较大时，物料的流动性较大、推送物料的能力较高，所以适当的提高螺旋轴转速和螺距可以获得良好的输送性能。

（2）试验验证

根据上文获得的参数优化组合，在实际的加工以及参数调试中无法达到合适的数值，故通过圆整的方式，将获得的最优参数组合进行适当调整。调整方法为：螺距 333.45mm 调整为 335 mm，螺旋轴转速 110.85r · min^{-1} 调整为 117 r · min^{-1}，喂入量保持不变为 30 kg · min^{-1}。本次试验按照第三章所述的试验条件、试验台、试验仪器等试验所需物品进行试验验证。将试验结果与通过优化获得最佳参数结果进行对比分析，见表 15-7。

表 15-7　优化前后试验结果对比

项目	螺距 s/mm	螺旋轴转速 n/r · min^{-1}	喂入量 w/kg · min^{-1}	比功耗 /W · kg^{-1}
优化前	333.45	110.85	30	11.82
优化后	335.00	117.00	30	11.90

由表 15-7 可知，优化前后的输送性能评价指标的大小基本相同，出现误差的原因主要由于人工喂料时，有物料洒出的情况以及由于物料自身特性的原因在实际输送的过程中跟理论时存在一定的差别，通过计算其相对误差为 0.7% 并在其允许范围内，从而进一步验证了该回归模型的准确性以及可靠性，说明了此次优化结果是正确的、合理的。

Chapter sixteen

第 16 章
拨叉式输送
喂入器

送喂入器是捡拾压捆机的主要工作部件之一。其形式有：圆盘式、旋转齿式、螺旋搅龙式、拨叉式、链条拨叉组合式、螺旋搅龙拨叉组合式等，在我国捡拾压捆机主要采用双拨叉式输送喂入器。拨叉式输送喂入器的工作性能主要取决于拨叉尖端的运动规律，但至今仍依传统的作图法逐点进行描绘其运动轨迹，这种分析方法不但繁琐而且精度差。

16.1　双拨叉式输送喂入器的机构简化

双拨叉式输送喂入器可简化为如图 16-1 所示的机构简图。可见双拨叉式输送喂入器包括输送器和喂入器两部分。其中喂入器部分可视为一普通四杆机构（图 16-2），输送器部分可视为一曲柄摇杆机构（图 16-3）。在输送喂入器正常工作情况下，由于弹簧的作用，可将杆 DLH 视为一个构件。这样，整个输送喂入器是一个由 6 个构件组成的低副运动链。其自由度数为：

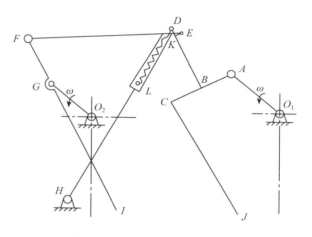

图 16-1　输送喂入器机构简图

$$F = 3n - 2P_L = 3 \times 6 - 2 \times 8 = 2$$

式中　F ——平面运动链自由度数；

　　　n ——活动构件数；

　　　P_L ——低副数。

由 9KJ-147 捡拾压捆机可知，其输送喂入器的原动件数为 2，即输送器和喂入器驱动曲柄，它分别由一对传动比为 1 的链轮驱动，以便同步动作。机构的原动件数等于其自由度数，符合机构的组成原理。

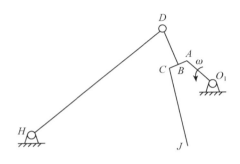

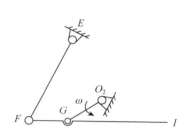

图 16-2　喂入器结构简图　　　　图 16-3　输送器结构简图

16.2　输送喂入器运动分析

输送喂入器运动分析简图如图 16-4。

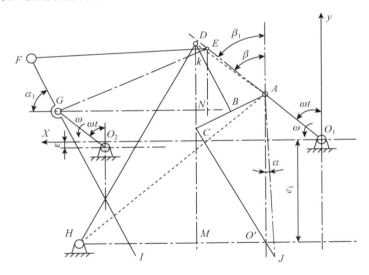

图 16-4　输送喂入器运动分析简图

由图中 △$O'AH$ 可得：

$$\alpha_1 = \angle O'AH = \arccos\left(\frac{e_1 + R_1\cos\omega t}{AH}\right)$$

$$AH = \frac{\sqrt{(x_H - R_1\sin\omega t)^2}}{+ (e_1 + R_1\cos\omega t)^2}$$

由 △JAC 可得：

$$\alpha_2 = \angle JAC = \arctan \frac{JC}{AC}$$

由 △HAD 可得：

$$\alpha_3 = \angle HAD = \arccos\left(\frac{AD^2 + AH^2 - HD^2}{2AD \cdot AH}\right)$$

由 △BAD 可得：

$$\alpha_4 = \angle BAD = \arctan\left(\frac{BD}{AB}\right)$$

所以有：

$$\alpha = \angle JAO' = \alpha_1 - \alpha_2 + \alpha_3 - \alpha_4$$

由此得到喂入叉尖端 J 点的运动方程式：

$$\begin{cases} x_J = R_1\sin\omega t + AJ\sin\alpha \\ y_J = R_1\cos\omega t - AJ\cos\alpha \end{cases} \tag{16-1}$$

对式（9-1）分别求一阶和二阶导数或直接根据理论力学中的相对运动原理便得到 J 点的速度和加速度方程：

$$\begin{cases} V_{XJ} = -(R_1\omega\cos\omega t + AJ \cdot \omega_{AD}\cos\alpha) \\ V_{YJ} = -(R_1\omega\sin\omega t + AJ \cdot \omega_{AD}\sin\alpha) \end{cases} \tag{16-2}$$

$$\begin{cases} a_{XJ} = R_1\omega^2\sin\omega t + AJ \cdot \omega_{AD}^2\sin\alpha + AJ \cdot \varepsilon_{AD}\cos\alpha \\ a_{YJ} = -R_1\omega^2\cos\omega t + AJ \cdot \omega_{AD}^2\cos\alpha - AJ \cdot \varepsilon_{AD}\sin\alpha \end{cases} \tag{16-3}$$

式中：

$$\omega_{AD} = \frac{R_1\omega}{AD} \cdot \frac{\cos(\omega t - \alpha'_1)}{\cos(\alpha'_1 - \beta_1)}$$

$$\beta_1 = \pi - \alpha_4 - \alpha_2 - \alpha$$

$$\alpha'_1 = \angle DHM = \arcsin\left(\frac{e_1 + R_1\cos\omega t + AD\cos\beta}{HD}\right)$$

$$\varepsilon_{AD} = \frac{R_1\omega^2\sin(\alpha'_1 - \omega t) + AD \cdot \omega_{AD}^2\sin(\alpha'_1 - \beta_1) - HD \cdot \omega_{HD}^2}{AD \cdot \cos(\alpha'_1 - \beta_1)}$$

$$\omega_{HD} = \frac{R_1\omega[\cos\beta_1 \cdot \cos(\omega t - \alpha'_1) - \cos\omega t]}{HD \cdot \sin\alpha'_1 \cdot \cos(\alpha'_1 - \beta_1)}$$

又由图 9-4 中四边形 ABKE 得到：

$$\alpha_5 = \angle BAE = \arctan\left(\frac{BK}{AB - KE}\right)$$

$$\beta_2 = \pi - \alpha_5 - \alpha_2 - \alpha$$

则 α 点的坐标是：

$$\begin{cases} X_E = R_1\sin\omega t + AE\sin\beta_2 \\ Y_E = R_1\cot\omega t + AE\cos\beta_2 \end{cases} \tag{16-4}$$

G 点的坐标是：

$$\begin{cases} X_G = O_1O_2 + R_2\sin\omega t \\ Y_G = R_2\cos\omega t - 5 \end{cases} \tag{16-5}$$

令

$$\alpha_6 = \angle EGN = \arctan\left(\frac{Y_E - Y_G}{X_G - X_E}\right)$$

$$\alpha_7 = \angle EGF = \arccos\left(\frac{EG^2 + FG^2 - FE^2}{2FG \cdot EG}\right)$$

$$\alpha_8 = \pi - \alpha_7 - \alpha_6$$

则输送器拨叉尖端 I 点的运动规律是：

$$\begin{cases} X_I = O_1O_2 + R_2\sin\omega t - IG\cos\alpha_8 \\ Y_I = R_2\cos\omega t - IG\sin\alpha_8 - 5 \end{cases} \tag{16-6}$$

对式(16-6)分别求一阶和二阶导数或直接根据理论力学中的相对运动原理求得 I 点的速度和加速度。

$$\begin{cases} V_{XI} = R_2\omega\cos\omega t + IG\omega_{FG}\sin\alpha_8 \\ V_{YI} = IG\omega_{FG}\cos\alpha_8 - R_2\omega\sin\omega t \end{cases} \tag{16-7}$$

$$\begin{cases} a_{XI} = IG\varepsilon_{FI}\sin\alpha_8 + IG\omega_{FG}^2\cos\alpha_8 - R_2\omega^2\sin\omega t \\ a_{YI} = IG\varepsilon_{FI}\cos\alpha_8 + IG\omega_{FG}^2\sin\alpha_8 - R_2\omega^2\cos\omega t \end{cases} \tag{16-8}$$

式中：

$$\omega_{FG} = \frac{(y_E - y_F)(Vy_E - R_2\omega\sin\omega t) - (X_F - X_E)(R_2\omega\cos\omega t - V_{XE})}{(X_F - X_E)\sin\alpha_8 + (y_E - y_F)\cos\alpha_8}$$

$$\begin{cases} V_{XE} = AE\omega_{AL}\cos\beta_2 - R_2\omega\cos\omega t \\ V_{YE} = AE\omega_{AL}\sin\beta_2 - R_1\omega\sin\omega t \end{cases}$$

$$\varepsilon_{FI} = \varepsilon_{FG} = \frac{(X_F - X_E)\left[R_2\omega^2\sin\omega t + FG\omega_{FG}^2\cos\alpha_8 - \omega_{FE}^2(X_F - X_E) - a_{XE}\right]}{FG\left[(y_E - y_F)\cos\alpha_8 + (X_F - X_E)\sin\alpha_8\right]} -$$

$$\frac{(y_E - y_F)\left[(R_2\omega^2\cos\omega t + FG\omega_{FG}^2\sin\alpha_8 + \omega_{FE}^2(y_E - y_F) + a_{YE}\right]}{FG\left[(y_E - y_F)\cos\alpha_8 + (X_F - X_E)\sin\alpha_8\right]}$$

$$\omega_{FE} = \frac{R_2\omega\cos\omega t + FG\omega_{FG}\sin\alpha_2 + V_{YE}}{y_E - y_F}$$

$$a_{XE} = R_1\omega^2\sin\omega t + AE\omega_{AD}^2\sin\beta_2 + AE\varepsilon_{AD}\cos\beta_2$$

$$a_{YE} = AE\varepsilon_{AD}\sin\beta_2 - R_1\omega^2\cos\omega t - AE\omega_{AD}^2\cos\beta_2$$

本研究所建立了双拨叉式输送喂入器运动学分析的数学模型，实现了拨叉输送喂入器进行定量分析，同时可为输送喂入器的计算机辅助设计提供数学模型，为输送喂入器各杆件的优化设计提供目标函数。

拨叉输送喂入装置的最佳输送喂入效果主要取决于拨叉的运动轨迹，所以，可以根据输送喂入的工作要求，提出拨叉的理想运动轨迹，然后根据轨迹要求对拨叉输送喂入机构进行设计或优化。在对拨叉输送喂入机构进行运动学和动力学分析时，根据数学或力学方法对机构杆件作用点的速度和加速度以及各杆件的角速度和角加速度进行求解，最好通过计算机辅助分析获得速度、加速度、角速度、角加速度、惯性力和惯性力矩等的变化规律，分析研究影响上述各参数变化规律的主要因素，从而研究达到机构工作平顺，降低机构的振动，减少机构对作业对象的作用力等的主要途径。从而实现提高设备的工作性能，提高生产率，降低设备的功耗等目的，使捡拾压捆机成为一个良好的人机工程系统。

参考文献

王文明．2012．弹齿滚筒式捡拾装置参数分析和优化设计研究［D］．呼和浩特：内蒙古农业大学．

乌兰图雅．2016．揉碎玉米秸秆螺旋输送机理研究［D］．呼和浩特：内蒙古农业大学．

李晓阳．2014．玉米秸秆在型螺旋输送机上的输送性能试验研究［D］．呼和浩特：内蒙古农业大学．

赵圆圆．2015．切碎玉米秸秆螺旋输送性能试验研究［D］．呼和浩特：内蒙古农业大学．

赵方超．2018．农业纤维物料螺旋输送设备试验与优化设计［D］．呼和浩特：内蒙古农业大学．

王春光．1992．输送喂入器理论分析［J］．畜牧机械(4)：28 - 30.